TABLES POUR LE TRACÉ

des

COURBES DE RACCORDEMENT

EN ARC DE CERCLE

suivies de la Méthode du nivellement

ou

PRISE DES PROFILS EN TRAVERS SANS NIVEAU

PAR LOIR, ÉRASME

On vend chez l'auteur, à Lattre-St-Quentin (Pas-de-Calais).

Prix de l'ouvrage : 2 fr. ; expédié *franco* contre-mandat de poste de même valeur.

ARRAS

Imp. et lith. de A. Courtin, place du Wetz-d'Amain, n° 7

1868

TABLES POUR LE TRACÉ

des

COURBES DE RACCORDEMENT

EN ARC DE CERCLE

suivies de la méthode du nivellement

ou

PRISE DES PROFILS EN TRAVERS SANS NIVEAU

PAR LOIR, ERASME, AGENT-VOYER

ARRAS

Typ. et lith. de A. Courtin, place du Wetz-d'Amain, n° 7

1868

AVANT-PROPOS.

Les tables relatives au tracé des courbes de raccordement en arc de cercle, sont, sans contredit, d'une grande utilité aux Conducteurs, Agents-Voyers et enfin à toutes personnes qui s'occupent de tracés de routes.

Elles remplacent des calculs longs et pénibles par des calculs faits, et rendent l'exécution du tracé des courbes prompte et facile.

Il est évident que l'opérateur ne peut, à chaque cas qu'il rencontre dans la pratique, s'appliquer, sans une énorme perte de temps, à des calculs longs et fastidieux qu'il ne peut éviter pour obtenir des données déduites d'une rigoureuse analyse.

Il est donc obligé de recourir à l'emploi de formules empyriques fondées sur des hypothèses plus ou moins absurdes, ou déduites de quelques vagues données de l'expérience.

Or, dans ces cas, la méthode généralement adoptée, consiste à prendre pour point milieu de la courbe, la moitié de la bissectrice de l'angle des alignements droits à raccorder et à porter successivement sur les sous-tendantes de $1/4$, $1/8$, $1/16$, etc., d'arc les $1/4$, $1/8$, $1/16$ de la $1/2$ bissectrice ou flèche du milieu. Mais comme il n'existe pour aucun angle de flèche de $1/2$ courbe exactement $1/2$ de la bissectrice, il s'ensuit que la grande flèche de $1/2$ arc, sur laquelle s'appuient les autres opérations, est erronée et par suite tout l'ensemble du travail.

C'est dans le but de prévenir ces irrégularités qu'ont été créées les tables ci-après, à l'aide desquelles l'opérateur peut, sans autre instrument qu'un décamètre, tracer, avec exactitude et sans tâtonnement, toutes les courbes possibles, eussent-elles **1,000**^m de tangente et au-delà.

Elles ont cela d'avantageux qu'elles permettent de multiplier les points à volonté, soit dans toute la courbe, soit dans une partie quelconque de celle-ci.

En **1865** et **1866**, j'avais calculé ces tables pour mon usage personnel. J'avais, jusqu'à ce jour, rencontré peu d'occasions de m'en servir.

Dans une rectification de tracé que j'eus l'occasion de faire récemment, j'en fis application sur des tangentes de **150** et **200** mèt. avec avantage et succès. Je leur reconnus dès lors beaucoup plus de mérite que je ne leur en supposais d'abord.

Convaincu de leur utilité, je crois rendre service à ceux qui s'occupent de tracés de routes, en mettant ce travail à leur disposition.

Ces tables sont divisées en deux parties :

la première ne comprend que les données strictement necessaires au tracé des courbes; la seconde, outre quelques données au besoin nécessaires pour l'exécution du tracé d'une courbe, comprend toutes les lignes du cercle comme rayon, bissectrice, sécante, etc.

Ces tables sont suivies de la manière de les calculer et de tracer les courbes à tangentes inégales.

Toutes les données y sont calculées pour des tangentes de 10 mètres, et le mode de leur application, dans quelque cas que ce soit, est indiqué dans la prévision qu'il sera toujours opéré avec le décamètre seul, sans aucun instrument, quel qu'il soit, équerre, graphomètre, compas, double décimètre, etc.

Opérer, rien qu'avec le décamètre, c'est remplir le but pour lequel ces tables ont été créées.

Comme d'ordinaire l'étude d'une chaussée à établir ou à rectifier se compose du tracé d'abord et du nivellement ensuite, j'ai cru utile de faire suivre les tables de la méthode du nivellement ou levée des profils en travers sans niveau, dans quelques cas particuliers.

C'est la méthode que j'emploie de préférence à celle adoptée par la plupart des Agents-Voyers.

Elle est très simple et d'un avantage exceptionnel, à cause de la promptitude et de l'exactitude avec lesquelles elle permet d'opérer.

TABLES.

PREMIÈRE PARTIE

Comprenant les données strictement nécessaires
au tracé des courbes.

DISPOSITION ET USAGE DES TABLES.

La première colonne des tables donne les sous-tendantes ou cordes pour tous les angles depuis un jusqu'à 180° d'après des tengentes de 10^m. C'est dans cette colonne que sera toujours cherché la donnée d'où se déduiront toutes les autres. La colonne 2 donne la flèche de la courbe sur laquelle s'appuient les opérations secondaires. Les autres colonnes donnent pour chaque portion de courbe les 1|2 cordes et les flèches. Ces tables n'ont point été poussées au-delà parce que les données de 1/32, 1/64, 1/128, 1/256, etc. se peuvent sans erreur, déduire des dernières colonnes 9 et 10. Il n'y a qu'à prendre pour 1|2 corde de 1/32 de courbe la moitié des données de la col. 9 et pour la flèche de 1/32 le 1/4 des données de la col. 10 et ainsi de suite, pour les 1/64, 1/128, 1/256, etc., courbe. Théoriquement ce mode de procéder n'est pas exact, mais il l'est pratiquement par la raison que même pour des tangentes de $1,000^m$, les différences atteignent 1 à 2 centimètres au plus pour les cordes et sont nulles pour les flèches.

Les tables ont été, dans le travail minute, poussées jusqu'au 1/64 d'arc, mais comme quatre col. en plus qui ne peuvent servir que dans des cas exceptionnels et peuvent être remplacées par l'opération qui vient d'être indiquée, n'avaient pour résultat que de grossir un volume sans grand avantage, elles ont été supprimées.

Toutes les données avaient été également calculées pour les dix premiers nombres, mais comme cela n'offrait aucun avantage et grossissait énormément le volume, ce dernier travail a été supprimé et toutes les données ramenées à des tangentes de 10^m. Comme d'ordinaire les tangentes vont de 5 en 5^m ou de 10 en 10^m rien n'est aussi facile que de déduire des données des tables celles dont on peut avoir besoin.

En effet, si l'on a des tangentes de 50^m et un angle de 124° (figure 1), il n'y a qu'à multiplier toutes les données par 5 ce qui peut se faire à vue. Si l'on a une tangente de 55^m on fera ce qui vient d'être dit et l'on ajoutera la moitié des données de la table. Or, on voit que ces simples opérations peuvent se faire à vue, sans recourir à aucun calcul écrit. Le temps qu'il faudrait passer à feuilleter un gros volume pour y rechercher des données qui n'y seraient pas encore déterminées directement peut être plus avantageusement employé à effectuer quelques calculs de mémoire.

Dans la méthode généralement employée par les agents-voyers pour déterminer une courbe, on détermine d'abord les deux tangentes, puis on chaine la corde, puis la bissectrice, puis la 1/2 bissectrice et l'on a le point E inexactement, après un parcours de 535^m (figure 1). D'après ces tables, l'on arrête d'abord sur chaque tangente deux points R-S, on chaine R S, dont on prend la moitié. Les tables (2e partie) donnent col. 6 la bissectrice pour 10^m qu'on est exempt de chainer. Si l'on veut donner 100^m à ses tangentes l'on sait, d'après les tables ce qu'il faut ajouter à la bissectrice des tangentes 10^m pour avoir le point E. Que du point E l'on aille à celui R et que l'on complète la tangente en ajoutant 90^m. Que du point A on aille directement au point S (bien que dans ce parcours on puisse déjà chainer en passant, 1|2 A E et déterminer sur son passage une grande partie des points de la 1/2 courbe

AZE, passons outre à ces opérations et laissons ce désavantage aux tables) et que l'on complète l'autre tangente C B, on aura, comme dans le 1er cas, déterminé les deux tangentes et le point E, mais ici exactement et cela avec un parcours en moins de 156 mètres. Or, pendant qu'un opérateur répartira sur les diverses lignes *tangentes, cordes, bissectrices, etc.*, cette différence de 156m on calculera dix fois les données exactes et réelles dont on a besoin pour déterminer une courbe avec toute l'exactitude désirable. On voit donc déjà l'avantage qu'offrent ces tables et l'on comprend que des milliers de chiffres seraient plus embarrassants qu'avantageux, aussi, est-ce ce dernier motif qui a engagé l'auteur à disposer tel, ce travail qu'il publie.

L'on pourrait s'étonner que dans la 2e partie des tables les colonnes 4+8 et 6+7 ne font pas exactement la col. 5 de même que la col. 6 de la 2e partie + la col. 2 de la 1re partie ne font pas non plus exactement la col. 8 ou le rayon. Il est à remarquer que lorsque la 4e décimale était supérieure à 5 on a augmenté la 3e d'une unité. Or, il est arrivé ceci : la somme de deux quantités donnait par exemple 10-112 lorsque les deux quantités étaient 8-616 4 et 1-494 3, or on voit ici qu'aucune des deux quantités ne peut avoir sa 3e décimale augmentée d'une unité quand cette unité se trouve dans leur somme. Voilà ce qui explique les petites différences que l'on pourrait remarquer.

Voici la manière de se servir des tables. Après avoir déterminé les alignements A C, B C, que nous supposons ici de 100m chainer A B que l'on trouvera par exemple de 176m 59c. Comme toutes les données des tables sont calculées pour des tangentes de 10m on aura à diviser la sous-tendante par la tangente soit 176m 59 : 100 = 1m 766 et à multiplier le résultat par 10 = 17m 659. En cherchant dans les tables col. 1 l'on trouve cette donnée à la 4e ligne, page . Toutes les autres sont en regard, mais ce qu'il ne faut pas perdre de vue, c'est pour des tangentes de 10m de sorte qu'il faut les multiplier toutes par la tangente appliquée et diviser le résultat par 10m nous aurons donc ici col. 2, 22m 02 et en suivant successivement 45m 50, 5m59 ; 22m92, 1m 40 ; 11m 48, 0m 35 ; 5m 744, 0m 088.

Il n'y a maintenant qu'à prendre la 1/2 corde B D qui est de 88m 30 à un demi-centimètre près et à porter D E $= 22^m 02$. Joignez E B, sur cette ligne portez E G égal à $45^m 50$ et portez G F $= 5^m 59$. Joignez F E et sur sa 1/2 F H $=$ à $22^m 92$ portez $1^m 40$ flèche H I. Joignez I E et sur sa 1/2 $=$ à $11^m 48$, portez J K $= 0^m 35$. Joignez K E et sur sa 1/2 K M $= 5^m 744$, portez M L $= 0^m 088$.

Ces opérations répétées sur les 1/2, 1/4, 1/8, 1/16, etc. détermineront la courbe.

Lorsque les tangentes sont longues pour éviter de mesurer la corde A B, ou lorsque cette corde rencontre des obstacles on arrête sur les alignements A C, B C, deux tangentes de 10^m C R, CS dont la sous-tendante $17^m 659$ fait connaître la donnée C E égale à $24^m 932$ (2ᵉ partie des tables) page , ligne 4ᵉ, col. 4. Elle fait également connaître l'angle A B C. Cette opération sert aussi à déterminer les tangentes lorsque les alignements étant déterminés on veut faire passer la courbe en E. Il y a pour cela à faire cette règle de trois : C T ou $2^m 493$: 24,932 (cette distance C E est chaînée sur le terrain) : : C R ou C S, 10^m : X ou la tangente à porter sur les alignements pour faire passer la courbe en E.

Lorsque l'on rencontre dans une portion quelconque de la courbe des obstacles dans le tracé des sous-tendantes, on peut faire ses opérations d'un autre côté, puis élever sur les points trouvés des perpendiculaires aux alignements et reporter les dimensions trouvées là où l'on en a besoin. Soit le point F. La corde E B ne peut être tracée parce qu'il y a obstacle. Dès lors on opérera sur l'autre portion de courbe pour déterminer le point Z qui comme F est 1/4 de courbe, on chainera AV' qu'on reportera de B en O' et V Z qu'on portera de O' en F dès lors le point F sera également connu.

COURBE.		DEMI-COURBE.		$\frac{1}{4}$ DE
Corde.	Flèche.	$\frac{1}{2}$ Corde.	Flèche.	$\frac{1}{2}$ Corde.
1	2	3	4	5
0.174	0.086	0.061	0.026	0.033
0.349	0.171	0 122	0.050	0.066
0.523	0.255	0.183	0.074	0.099
0.698	0.337	0.242	0.098	0.131
0.872	0.417	0.302	0,121	0.163
1.047	0.497	0.361	0.144	0.194
1.221	0.574	0.419	0.166	0.225
1.395	0.650	0 477	0.188	0.256
1,569	0.725	0.534	0 209	0.286
1.743	0,799	0.591	0 230	0.317

COURBE	$\frac{1}{8}$ DE COURBE.		$\frac{1}{16}$ DE COURBE.	
Flèche.	$\frac{1}{2}$ Corde.	Flèche.	$\frac{1}{2}$ Corde.	Flèche.
6	7	8	9	10
0.006	0.0467	0.0016	0.0084	0.0004
0.013	0.0333	0 0032	0.0167	0.0008
0.019	0.0500	0.0048	0.0251	0 0012
0.025	0.0666	0.0064	0.0335	0.0016
0.031	0.0825	0.0079	0.0413	0.0020
0.037	0 0985	0.0094	0.0493	0.0024
0.043	0.1144	0.0108	0.0573	0.0027
0.049	0.1304	0.0123	0 0653	0.0031
0.054	0.1457	0.0136	0.0729	0.0034
0.059	0.1609	0.0149	0.0806	0.0038

COURBE.		DEMI-COURBE.		$\frac{1}{4}$ DE
Corde.	Flèche.	$\frac{1}{2}$ Corde.	Flèche.	$\frac{1}{2}$ Corde.
1	2	3	4	5
1.917	0.871	0.647	0 250	0.347
2.090	0.941	0.703	0,270	0 377
2.264	1.010	0.758	0.289	0,406
2.437	1.078	0.813	0.308	0.435
2.610	1.145	0.868	0.326	0.463
2.783	1.210	0.922	0.345	0.492
2.956	1.274	0.976	0.362	0.520
3.129	1.336	1.029	0.379	0.548
3 501	1.397	1.081	0.396	0.575
3.473	1.457	1.133	0.412	0.603

COURBE	$\frac{1}{8}$ DE COURBE.		$\frac{1}{16}$ DE COURBE.	
Flèche.	$\frac{1}{2}$ Corde.	Flèche.	$\frac{1}{2}$ Corde.	Flèche.
6	7	8	9	10
0.064	0.1762	0.0163	0.0884	0.0041
0.070	0.1915	0.0176	0.0962	0.0044
0.075	0.2061	0.0188	0.1034	0.0047
0.080	0.2207	0.0200	0.1105	0.0050
0.084	0.2354	0.0212	0.1178	0.0053
0.089	0.2500	0.0225	0.1250	0.0057
0.093	0.2640	0.0236	0.1321	0.0059
0.098	0.2781	0.0246	0.1393	0.0062
0.102	0.2921	0.0257	0.1465	0.0065
0.106	0.3062	0,0268	0.1537	0.0067

COURBE.		DEMI-COURBE.		$\frac{1}{4}$ DE
Corde.	Flèche.	$\frac{1}{2}$ Corde.	Flèche.	$\frac{1}{2}$ Corde.
1	2	3	4	5
3.645	1.516	1.185	0.428	0.630
3.816	1.573	1.236	0.444	0.657
3.987	1.629	1.287	0.459	0 683
4.158	1.684	1.338	0.474	0.709
4.329	1.737	1.388	0.488	0.735
4.499	1.789	1.437	0 502	0.761
4.669	1.840	1.486	0.515	0 786
4.838	1.890	1.535	0.528	0.812
5.008	1.939	1.583	0.541	0 836
5.176	1.986	1.631	0.554	0.861

COURBE	$\frac{1}{8}$ DE COURBE.		$\frac{1}{16}$ DE COURBE.	
Flèche.	$\frac{1}{2}$ Corde.	Flèche.	$\frac{1}{2}$ Corde.	Flèche.
6	7	8	9	10
0.110	0.3196	0.0278	0.1603	0.0070
0.114	0.3331	0.0289	0.1669	0.0073
0.118	0.3465	0.0299	0.1735	0.0075
0.122	0.3600	0.0310	0.1801	0.0078
0.125	0.3728	0.0317	0.1867	0.0080
0.129	0.3857	0.0325	0.1933	0.0082
0.132	0.3986	0.0332	0.1999	0.0083
0.136	0.4115	0.0340	0.2065	0.0085
0.139	0.4238	0.0348	0.2125	0.0087
0.142	0.4362	0.0355	0.2186	0.0089

COURBE.		DEMI-COURBE.		$\frac{1}{4}$ DE
Corde.	Flèche.	$\frac{1}{2}$ Corde.	Flèche.	$\frac{1}{2}$ Corde.
1	2	3	4	5
5.345	2.032	1.678	0.566	0.885
5.513	2.077	1.725	0.577	0.910
5.680	2.121	1.772	0.589	0.933
5.847	2.163	1.818	0.600	0.957
6.014	2.205	1.864	0.610	0 980
6.180	2.245	1.910	0.620	1.004
6.346	2.284	1.955	0.630	1.027
6 511	2.322	1.999	0.640	1 050
6.676	2.359	2.043	0.650	1.072
6 840	2.395	2.088	0 658	1.094

COURBE	$\frac{1}{8}$ DE COURBE.		$\frac{1}{16}$ DE COURBE.	
Flèche.	$\frac{1}{2}$ Corde.	Flèche.	$\frac{1}{2}$ Corde.	Flèche.
6	7	8	9	10.
0.145	0.4485	0.0363	0.2246	0.0091
0.148	0.4609	0.0370	0.2307	0.0093
0.150	0.4727	0.0377	0.2367	0.0095
0.153	0.4846	0.0385	0.2428	0.0097
0.156	0.4964	0.0392	0.2488	0.0098
0.159	0.5083	0.0400	0.2549	0.0100
0.161	0.5196	0.0405	0.2604	0.0102
0.164	0.5310	0.0410	0.2660	0.0103
0.166	0.5423	0.0415	0.2715	0.0104
0.168	0.5537	0.0420	0.2771	0.0105

COURBE.		DEMI-COURBE.		$\frac{1}{4}$ DE
Corde.	Flèche.	$\frac{1}{2}$ Corde.	Flèche.	$\frac{1}{2}$ Corde.
1	2	3	4	5
7.004	2.429	2 131	0.667	1.116
7.167	2.463	2.174	0.675	1.138
7.330	2.495	2.216	0.683	1,159
7.492	2.527	2.259	0.691	1.181
7.854	2.557	2.301	0.698	1.202
7.815	2.586	2.343	0.705	1.223
7,975	2.614	2.384	0.712	1.243
8.135	2.641	2.424	0.718	1.264
8 294	2.667	2.465	0.724	1 284
8.452	2 692	2.505	0.730	1.305

COURBE	$\frac{1}{8}$ DE COURBE.		$\frac{1}{16}$ DE COURBE.	
Flèche.	$\frac{1}{2}$ Corde.	Flèche.	$\frac{1}{2}$ Corde.	Flèche.
6	7	8	9	10
0.170	0 5645	0.0426	0 2826	0.0107
0.172	0.5754	0.0432	0.2882	0.0108
0.175	0.5863	0.0438	0.2938	0.0110
0.177	0.5972	0.0444	0.2994	0.0111
0.178	0.6076	0.0448	0.3045	0,0112
0.180	0.6180	0.0452	0 3096	0.0113
0.181	0.6284	0.0456	0.3147	0.0114
0.183	0.6389	0.0460	0 5198	0.0115
0.184	0 6488	0,0464	0.3249	0.0116
0.186	0.6588	0.0468	0.3300	0.0117

COURBE.		DEMI-COURBE.		$\frac{1}{4}$ DE
Corde.	Flèche.	$\frac{1}{2}$ Corde.	Flèche.	$\frac{1}{2}$ Corde.
1	2	3	4	5
8.610	2.716	2.545	0.736	1.324
8.767	2.739	2.584	0.741	1.344
8.924	2.761	2.623	0.746	1.363
9.080	2.782	2 662	0.751	1.383
9.235	2.802	2.701	0.755	1.402
9.389	2.821	2.738	0.760	1.421
9.543	2.839	2.776	0.763	1 439
9.696	2.856	2.813	0.767	1.458
9.848	2.872	2.850	0.770	1.476
10.000	2.887	2.887	0.773	1.494

COURBE	$\frac{1}{8}$ DE COURBE.		$\frac{1}{16}$ DE COURBE.	
Flèche.	$\frac{1}{2}$ Corde.	Flèche.	$\frac{1}{2}$ Corde.	Flèche.
6	7	8	9	10
0.187	0.6688	0.0472	0.3351	0.0118
0.189	0.6788	0.0475	0.3402	0.0119
0.190	0.6883	0.0479	0.3448	0.0120
0.191	0.6979	0.0483	0.3495	0.0121
0.192	0.7074	0.0487	0.3542	0.0122
0.193	0.7170	0.0490	0.3588	0.1123
0.194	0.7261	0.0491	0.3635	0.0123
0.195	0.7353	0.0492	0.3682	0.0123
0.196	0.7444	0.0493	0,3729	0.0124
0.197	0.7536	0.0495	0.3776	0.0124

COURBE.		DEMI-COURBE.		$\frac{1}{4}$ DE
Corde.	Flèche.	$\frac{1}{2}$ Corde.	Flèche.	$\frac{1}{2}$ Corde.
1	2	3	4	5
10.151	2.901	2.923	0.776	1.512
10.301	2 914	2 953	0.779	1.530
10.450	2.926	2.994	0.784	1 547
10.598	2 937	3.029	0.783	1.564
10.746	2.948	3.064	0.785	1.581
10.893	2.957	3.099	0.787	1.598
11.039	2.966	3.133	0.788	1.614
11.184	2.973	3.167	0.790	1.631
11 328	2.980	3.200	0.790	1.647
11.472	2.986	3.233	0.791	1.664

COURBE	$\frac{1}{8}$ DE COURBE.		$\frac{1}{16}$ DE COURBE.	
Flèche.	$\frac{1}{2}$ Corde.	Flèche.	$\frac{1}{2}$ Corde.	Flèche.
6	7	8	9	10
0.197	0 7622	0.0496	0.3818	0.0124
0.198	0.7708	0.0497	0 3861	0.0125
0.198	0.7794	0.0498	0.3904	0.0125
0.199	0 7880	0.0500	0.3946	0.0125
0.199	0.7965	0.0500	0.3989	0.0125
0.200	0.8050	0.0501	0.4032	0,0126
0.200	0.8135	0.0502	0.4075	0.0126
0.200	0.8220	0.0503	0,4118	0.0126
0.200	0.8300	0.0503	0.4156	0.0126
0.200	0.8380	0.0503	0.4195	0.0126

| COURBE. | | DEMI-COURBE. | | $\frac{1}{4}$ DE |
| Corde. | Flèche. | $\frac{1}{2}$ Corde. | Flèche. | $\frac{1}{2}$ Corde. |
1	2	3	4	5
11.614	2.991	3.266	0.792	1.680
11.756	2.994	3,298	0.792	1.696
11.897	2.998	3.331	0.792	1.711
12.036	3.000	3.362	0.792	1.727
12.165	3.002	3.394	0.791	1.742
12,313	3.003	3.425	0.791	1.757
12.450	3.003	3.455	0.790	1.772
12 586	3.002	3.486	0.789	1.787
12.721	3.000	3.516	0.788	1.801
12.856	2.997	3 546	0.786	1.816

COURBE	$\frac{1}{8}$ DE COURBE.		$\frac{1}{16}$ DE COURBE.	
Flèche.	$\frac{1}{2}$ Corde.	Flèche.	$\frac{1}{2}$ Corde.	Flèche.
6	7	8	9	10
0.200	0.8460	0.0504	0.4234	0.0126
0.201	0.8540	0.0504	0.4272	0.0126
0.200	0.8616	0.0504	0.4311	0.0126
0.200	0.8692	0.0504	0.4350	0.0126
0.200	0.8768	0.0503	0.4389	0.0126
0.200	0.8844	0.0503	0.4428	0.0126
0.200	0.8916	0.0502	0.4463	0.0126
0.200	0.8989	0.0501	0.4498	0.0126
0.200	0.9062	0.0501	0.4534	0.0126
0.199	0.9135	0.0500	0.4569	0.0125

3

COURBE.		DEMI-COURBE.		$\frac{1}{4}$ DE
Corde.	Flèche.	$\frac{1}{2}$ Corde.	Flèche.	$\frac{1}{2}$ Corde.
1	2	3	4	5
12.987	2.994	3.576	0.785	1.830
13.121	2.990	3.605	0,783	1.844
13.252	2.985	3.634	0.781	1,858
13.383	2.979	3.662	0.778	1.872
13.512	2.973	3.690	0.776	1.885
13.640	2,965	3.718	0.773	1.899
13.767	2.957	3.746	0.771	1.912
13:893	2.948	3.773	0.768	1.925
14.018	2.939	3.800	0.765	1.938
14.142	2.929	3.827	0.761	1.951

COURBE	$\frac{1}{8}$ DE COURBE.		$\frac{1}{16}$ DE COURBE.	
Flèche.	$\frac{1}{2}$ Corde.	Flèche.	$\frac{1}{2}$ Corde.	Flèche.
6	7	8	9	10
0.198	0.9204	0.0498	0.4604	0.0125
0.198	0.9273	0.0497	0.4640	0.0125
0.197	0.9343	0.0495	0.4675	0.0124
0.197	0.9412	0.0494	0.4711	0.0124
0.196	0.9477	0.0492	0.4743	0.0123
0.195	0.9543	0.0490	0.4775	0.0123
0.194	0.9609	0.0488	0.4808	0.0122
0.194	0.9675	0.0486	0.4840	0.0122
0.193	0.9737	0.0484	0.4872	0.0121
0.192	0.9799	0.0482	0.4904	0.0121

COURBE.		DEMI-COURBE.		$\frac{1}{4}$ DE
Corde.	Flèche.	$\frac{1}{2}$ Corde.	Flèche.	$\frac{1}{2}$ Corde.
1	2	3	4	5
14.265	2.918	3.853	0.758	1.963
14.387	2.906	3.879	0.754	1.976
14.507	2.894	3.905	0.750	1,988
14.627	2.881	3.930	0.746	2.000
14.746	2.867	3.955	0.742	2.012
14.863	2.852	3.980	0.738	2.024
14.979	2.837	4.004	0.733	2.035
15.094	2.822	4.029	0.728	2.046
15.208	2.805	4.052	0.724	2.058
15.321	2.788	4.076	0.719	2.069

COURBE	$\frac{1}{8}$ DE COURBE.		$\frac{1}{16}$ DE COURBE.	
Flèche.	$\frac{1}{2}$ Corde.	Flèche.	$\frac{1}{2}$ Corde.	Flèche.
6	7	8	9	10
0.191	0.9862	0.0481	0.4937	0.0121
0.190	0.9924	0.0480	0.4970	0.0120
0.189	0.9983	0.0477	0.4998	0.0120
0.189	1.0043	0.0475	0.5027	0.0119
0.187	1.0102	0.0472	0.5055	0.0118
0.186	1.0162	0.0470	0.5084	0.0118
0.185	1.0218	0.0466	0.5112	0.0117
0.184	1.0274	0.0462	0 5141	0.0116
0.182	1.0330	0.0458	0.5169	0.0115
0.181	1.0386	0,0455	0.5198	0.0114

COURBE.		DEMI-COURBE.		$\frac{1}{4}$ DE
Corde.	Flèche.	$\frac{1}{2}$ Corde.	Flèche.	$\frac{1}{2}$ Corde.
1	2	3	4	5
15.433	2.770	4.099	0.714	2.080
15.543	2.752	4,122	0.708	2.091
15.652	2.733	4.145	0.703	2.101
15.760	2.715	4.167	0.697	2.112
15.867	2.693	4.189	0.693	2.122
15,973	2.672	4.211	0.686	2.133
16.077	2.651	4.232	0.680	2.143
16.180	2.629	4.253	0.674	2.153
16.282	2.606	4.274	0.667	2.162
16.383	2.583	4 294	0.661	2.172

COURBE	$\frac{1}{8}$ DE COURBE.		$\frac{1}{16}$ DE COURBE.	
Flèche.	$\frac{1}{2}$ Corde.	Flèche.	$\frac{1}{2}$ Corde.	Flèche.
6	7	8	9	10
0.179	1.0444	0.0451	0.5223	0.0113
0.178	1.0502	0.0447	0.5249	0.0112
0.177	1.0561	0.0443	0.5275	0.0111
0.176	1.0619	0.0440	0.5300	0.0110
0.174	1.0664	0.0435	0.5326	0.0109
0.172	1.0709	0.0430	0.5352	0.0108
0.170	1.0754	0.0425	0.5378	0.0107
0.168	1.0799	0.0420	0.5404	0.0106
0.167	1.0846	0.0417	0.5426	0.0105
0.166	1.0893	0.0415	0.5449	0.0104

COURBE.		DEMI-COURBE.		$\frac{1}{4}$ DE
Corde.	Flèche.	$\frac{1}{2}$ Corde.	Flèche.	$\frac{1}{2}$ Corde.
1	2	3	4	5
16.482	2.559	4.314	0.654	2.181
16.581	2 535	4 534	0.648	2.191
16.678	2.510	4.554	0.641	2 200
16.773	2 484	4.373	0.634	2.209
16.868	2.458	4.392	0.627	2.218
16.961	2.431	4.411	0.620	2.227
17.053	2.405	4.429	0.613	2.235
17.144	2.377	4.448	0.605	2.244
17.232	2.349	4.466	0.597	2.252
17.321	2 320	4.484	0.590	2.261

COURBE	$\frac{1}{8}$ DE COURBE.		$\frac{1}{16}$ DE COURBE.	
Flèche.	$\frac{1}{2}$ Corde.	Flèche.	$\frac{1}{2}$ Corde.	Flèche.
6	7	8	9	10
0.164	1.0940	0.0412	0.5472	0.0103
0.163	1.0987	0.0410	0.5494	0.0103
0.161	1.1031	0.0405	0.5517	0.0102
0.159	1.1075	0.0400	0.5540	0.0100
0.157	1.1120	0.0395	0.5562	0 0099
0.156	1.1164	0.0390	0.5585	0.0098
0.154	1.1205	0.0385	0.5605	0.0097
0 152	1.1246	0.0380	0.5625	0.0095
0.150	1.1287	0.0376	0.5645	0.0094
0 149	1.1328	0.0371	0 5664	0.0093

COURBE.		DEMI-COURBE.		$\frac{1}{4}$ DE
Corde.	Flèche.	$\frac{1}{2}$ Corde.	Flèche.	$\frac{1}{2}$ Corde.
1	2	3	4	5
17.407	2.291	4.500	0.583	2.269
17.492	2.262	4.517	0.575	2.277
17.576	2.232	4.533	0.567	2.284
17.659	2.202	4.550	0.559	2.292
17.740	2.170	4.566	0.551	2.299
17.820	2.139	4.581	0.542	2.307
17.899	2.107	4.597	0.533	2.314
17.976	2.075	4.612	0.525	2.321
18.052	2.042	4.627	0.517	2.327
18.126	2.009	4.641	0.508	2.333

COURBE	$\frac{1}{8}$ DE COURBE.		$\frac{1}{16}$ DE COURBE.	
Flèche.	$\frac{1}{2}$ Corde.	Flèche.	$\frac{1}{2}$ Corde.	Flèche.
6	7	8	9	10
0.147	1.1366	0.0366	0.5684	0.0092
0.144	1.1404	0.0360	0.5704	0.0091
0.142	1.1442	0.0355	0.5724	0.0089
0.140	1.1480	0.0350	0.5744	0.0088
0.138	1.1516	0.0345	0.5761	0.0087
0.136	1.1551	0.0340	0.5778	0.0086
0.134	1.1587	0.0335	0.5795	0.0084
0.132	1.1623	0.0330	0.5812	0.0083
0.129	1.1656	0.0325	0.5829	0.0082
0.127	1.1689	0.0320	0.5846	0.0080

COURBE.		DEMI-COURBE.		$\frac{1}{4}$ DE
Corde.	Flèche.	$\frac{1}{2}$ Corde.	Flèche.	$\frac{1}{2}$ Corde.
1	2	3	4	5
18.199	1.976	4 656	0 500	2.340
18.271	1.941	4.670	0.491	2.346
18.341	1.907	4.683	0.482	2 353
18.410	1.873	4.697	0.473	2.360
18 478	1.838	4.710	0.464	2.366
18.544	1.802	4.723	0.455	2.372
18.608	1.766	4.735	0.445	2 378
18.672	1.730	4.747	0.436	2 384
18.734	1.694	4.759	0.427	2 389
18.794	1.657	4.771	0.417	2.394

COURBE	$\frac{1}{8}$ DE COURBE.		$\frac{1}{16}$ DE COURBE.	
Flèche.	$\frac{1}{2}$ Corde.	Flèche.	$\frac{1}{2}$ Corde.	Flèche.
6	7	8	9	10
0.125	1.1722	0.0315	0 5863	0.0079
0.124	1.1755	0.0310	0.5880	0.0078
0.121	1.1785	0.0304	0.5894	0.0076
0.118	1.1815	0.0297	0.5908	0.0075
0.116	1.1845	0.0291	0.5923	0,0073
0.114	1.1875	0.0285	0.5938	0.0072
0.111	1.1903	0.0279	0.5952	0,0070
0.109	1.1931	0.0273	0 5966	0.0069
0.107	1.1959	0,0268	0.5980	0.0067
0.105	1.1987	0.0262	0.5994	0.0066

COURBE.		DEMI-COURBE.		$\frac{1}{4}$ DE
Corde.	Flèche.	$\frac{1}{2}$ Corde.	Flèche.	$\frac{1}{2}$ Corde.
1	2	3	4	5
18.853	1.620	4.782	0.408	2.399
18.910	1.582	4 793	0.398	2.405
18.966	1.544	4.804	0.389	2.410
19.021	1.506	4.814	0.379	2.415
19.074	1.468	4.825	0,369	2.419
19.126	1.429	4.835	0.359	2.424
19.176	1.390	4.844	0.349	2.428
19.225	1.351	4 853	0.339	2.433
19.272	1.311	4.862	0 329	2.437
19.319	1.272	4.871	0.319	2 441

COURBE	$\frac{1}{8}$ DE COURBE.		$\frac{1}{16}$ DE COURBE.	
Flèche.	$\frac{1}{2}$ Corde.	Flèche.	$\frac{1}{2}$ Corde.	Flèche.
6	7	8	9	10
0.102	1.2011	0.0256	0.6006	0.0064
0.100	1.2035	0.0251	0.6018	0.0063
0.097	1.2059	0.0245	0.6030	0.0062
0.095	1.2083	0.0240	0.6042	0.0060
0.092	1.2104	0.0233	0.6053	0.0059
0.090	1.2126	0.0226	0.6064	0.0057
0.087	1.2148	0.0219	0.6075	0.0055
0.084	1.2170	0.0212	0.6085	0.0053
0.082	1.2190	0.0206	0.6095	0.0052
0.080	1.2210	0.0201	0.6105	0.0051

| COURBE. | | DEMI-COURBE. | | $\frac{1}{4}$ DE |
| Corde. | Flèche. | $\frac{1}{2}$ Corde. | Flèche. | $\frac{1}{2}$ Corde. |
1	2	3	4	5
19.363	1.232	4 879	0.309	2.444
19.406	1.191	4.888	0.299	2.448
19.447	1.151	4.895	0.288	2.451
19.487	1.110	4.903	0.278	2.455
19.526	1.069	4.910	0.268	2 458
19.563	1.028	4.918	0.258	2.462
19,598	0.987	4 924	0.247	2.465
19 633	0 945	4.930	0.237	2.468
19 665	0.903	4.936	0.226	2 471
19.696	0 861	4.942	0.216	2.474

COURBE	$\frac{1}{8}$ DE COURBE		$\frac{1}{16}$ DE COURBE.	
Flèche.	$\frac{1}{2}$ Corde.	Flèche.	$\frac{1}{2}$ Corde.	Flèche.
6	7	8	9	10
0.077	1.2230	0.0195	0.6115	0.0049
0.075	1.2250	0.0190	0.6125	0.0048
0.072	1.2266	0.0183	0.6134	0.0047
0.070	1.2283	0.0175	0.6142	0.0045
0.067	1.2300	0.0168	0.6150	0.0044
0.064	1.2317	0.0160	0.6159	0.0042
0.062	1.2330	0.0155	0.6165	0.0040
0.060	1.2343	0.0150	0.6172	0.0038
0.057	1.2357	0.0145	0.6179	0.0037
0.054	1.2370	0.0140	0.6185	0.0035

4

COURBE.		DEMI-COURBE.		$\frac{1}{4}$ DE
Corde.	Flèche.	$\frac{1}{2}$ Corde.	Flèche.	$\frac{1}{2}$ Corde.
1	2	3	4	5
19.726	0.819	4.948	0.205	2.476
19.754	0.777	4.954	0.195	2.479
19.780	0.735	4.959	0.184	2.481
19.805	0.692	4.964	0.174	2.483
19.829	0.650	4.968	0.163	2.485
19.851	0.607	4.972	0.152	2.487
19,871	0.564	4.975	0.141	2.488
19.890	0.521	4.979	0.130	2.490
19 908	0.478	4.982	0.119	2.491
19.924	0 435	4.986	0.109	2.493

COURBE	$\frac{1}{8}$ DE COURBE.		$\frac{1}{16}$ DE COURBE.	
Flèche.	$\frac{1}{2}$ Corde.	Flèche.	$\frac{1}{2}$ Corde.	Flèche.
6	7	8	9	10
0.051	1.2381	0.0133	0 6191	0.0034
0.049	1.2393	0.0125	0.6197	0.0032
0.046	1.2404	0.0118	0.6203	0.0030
0.044	1.2416	0.0110	0.6209	0.0028
0.041	1.2425	0.0105	0.6213	0,0027
0.038	1.2435	0.0100	0.6218	0.0025
0.035	1.2444	0.0095	0.6223	0.0024
0.032	1.2454	0.0090	0 6228	0.0023
0.029	1.2460	0,0083	0.6231	0.0021
0.027	1.2466	0.0075	0.6234	0.0019

COURBE.		DEMI-COURBE.		$\frac{1}{4}$ DE
Corde.	Flèche.	$\frac{1}{2}$ Corde.	Flèche.	$\frac{1}{2}$ Corde.
1	2	3	4	5
19.938	0.392	4.988	0.098	2.494
19.951	0.348	4.991	0.087	2.495
19.963	0.305	4.993	0.077	2,496
19.973	0.261	4 995	0.065	2.497
19.981	0.218	4.996	0.055	2.498
19.988	0.174	4.997	0.043	2.499
19.993	0.131	4.998	0.033	2 499
19.997	0.087	4.999	0.023	2.499
19.999	0.044	4.999	0.011	2.499

COURBE	$\frac{1}{8}$ DE COURBE.		$\frac{1}{16}$ DE COURBE.	
Flèche.	$\frac{1}{2}$ Corde.	Flèche.	$\frac{1}{2}$ Corde.	Flèche.
6	7	8	9	10
0.024	1.2473	0.0068	0.6237	0.0017
0.021	1.2479	0.0060	0.6240	0.0015
0.019	1.2483	0.0053	0.6242	0.0014
0.017	1.2487	0.0045	0.6244	0.0012
0.014	1.2491	0.0038	0.6246	0.0010
0.011	1.2495	0.0030	0.6248	0.0008
0.008	1.2496	0.0023	0.6248	0.0006
0.005	1.2497	0.0015	0.6249	0.0004
0.003	1.2498	0.0008	0.6249	0.0002

Ces tables ont été poussées jusqu'aux millièmes dans les six premières colonnes et jusqu'aux dix-millièmes dans les quatre dernières, de manière à avoir encore des dixièmes dans le cas d'une tangente de 1,000^m, cas qui ne se présentera guère dans la pratique. Les dernières colonnes ont quatre décimales parce qu'il y a si peu de différence d'un degré à l'autre que pour n'en conserver que trois en forçant d'une unité, le cas échéant, l'on aurait tous chiffres égaux, ce qui ne peut être. Il n'est pas tenu compte des minutes, parce qu'en opérant sur la donnée (col. 1) des tables la plus proche de celle trouvée sur le terrain, on ne peut guère s'écarter du vrai. Si la donnée du terrain était une moyenne entre deux données successives des tables on pourrait, dans le cas de longues tangentes prendre aussi une moyenne pour les autres données col. 2, 3 et 4, sans s'occuper des autres colonnes qui ne peuvent donner aucune différence assez marquée pour que l'on y prenne garde.

CAS PARTICULIERS

Fig. 1. — Déterminer une courbe dont la corde n'est accessible qu'à ses points extrêmes A et B et dont les tangentes A C, B C, rencontrent un obstacle X Y, comme haie, mur ou bâtiment au-delà duquel on ne peut aller pour déterminer les tangentes A C, B C, et par cela même la corde inaccessible A B.

—

Soient deux alignements ayant la direction A C, B C, et leur rencontre au point C inaccessible. On mesurera U V. Ensuite l'on portera 10^m sur l'alignement V X de V, en allant vers X on fera la même chose de V en allant vers B.

L'on chainera ensuite la distance entre ces deux points pris à 10^m de V. Cette distance est la sous-tendante de l'angle UVB qu'on trouvera dans les deux tables. La 2e table fera connaître la valeur de l'angle UVB et celle de son supplément CVU. Une opération semblable fera connaître l'angle CUV. On a donc un triangle CUV dont on connaît un côté UV, les deux angles adjacents et de là l'angle UCV.

Il n'y a maintenant qu'à prendre un terrain

sur lequel on puisse opérer sans obstacle. Après avoir tracé une ligne droite X Y on portera sur cette ligne une distance comme U V (1).

Puis du point V avec le décamètre pour rayon on décrira vers C un arc de cercle Or on connaît l'angle CVU et aussi sa sous-tendante dans les tables Avec une longueur égale à la sous-tendante et prenant pour centre le point de jonction du premier arc avec la ligne X Y, on décrira un second arc qui coupera le premier. On fera la même opération pour l'autre côté. Les lignes passant de V et U par la section des arc se rencontreront en C. Dès lors on pourra chainer C V, C U dont la différence est Vb et également Ca et Cf. L'on peut donc revenir sur les lieux où doit être tracée la courbe A E B. Si l'on veut des tangentes de 100^m on portera de V vers B 100^m moins C V et 100^m moins C U sur l'autre alignement.

On portera également Vb, dont on peut toutefois se dispenser.

Il est maintenant facile d'opérer.

(1) Le cas échéant, on peut prendre sur le décamètre 1, 2 ou 3, etc., décimètres pour mètre. Il faut alors moins d'emplacement pour opérer.

L'angle C est connu avec sa corde R S qu'on trouve dans les deux tables.

La deuxième table donne aussi C E (page 86, col. 4, ligne 4), qui n'est rien que C T : 10 × C B, car, ainsi qu'il est dit au commencement du volume, toutes les données des deux tables sont calculées pour des tangentes de 10^m. Mais à l'aide de l'opération faite pour mesurer C U, C V on a pu aussi mesurer Ca, Cf.

Donc, si de C E donné ci-dessus on déduit Ca ou Cf (au choix), on n'aura qu'à porter aE ou fE perpendiculaire à Ub, et pour cela même dans la direction C D, puisque C U égale Cb.

Le point E étant connu, il n'y a qu'à opérer comme il est indiqué au commencement des tables pour déterminer d'autres points de la courbe.

Fig 1. — Soit le cas ci-dessus, avec un point quelconque E déterminé à l'avance, où l'on veut faire passer la courbe.

Il y a lieu de procéder comme dans le cas précédent pour connaître C V, C U, l'angle C et la distance Cf. Au lieu où doit être tracé la courbe on chaînera fE, de sorte que ces deux données réunies feront connaître C E. L'angle C est connu, et par conséquent C T (2e table, page 86, col 4, ligne 4). Il y a donc à faire cette règle de trois déjà indiquée page 16 : C T : C E : : C R ou C S, 10m : x ou tangente C B, à porter de C en B par la méthode indiquée plus haut, pour faire passer la courbe en E.

Fig. 1. — Soit le cas précédent, plus les tangentes inaccessibles dans tout le parcours A U, B V

Il y a lieu de procéder, comme dans les cas précédents, sauf à déterminer l'angle U en opérant en h sur une parallèle d, c, h, à l'alignement A C, même chose pour l'angle V.

Les trois cas ci-dessus suffiront pour parer, le cas échéant, à toute difficulté. S'il s'en rencontrait d'autres, il serait toujours facile de les vaincre, soit à l'aide de lignes proportionnelles, soit par une opération géométrique quelconque.

TRACÉ DES COURBES.

1° AVEC L'ÉQUERRE.

Fig. 2. — Lorsque l'on a un angle aigu ou peu ouvert, et que, à l'aide des perpendiculaires aux tangentes élevées aux points tangents B et C, l'on peut déterminer le point O et celui D sans qu'aucun obstacle s'y oppose, tout point, comme F, d'où avec l'équerre on aura C, D, dans ses lignes de visée, sera un point de la courbe. L'angle F est droit ayant pour mesure 1/2 B D H ou 1|2 circonférence.

2° AVEC LE GRAPHOMÈTRE OU TOUT AUTRE INSTRUMENT POUR LA MESURE DES ANGLES.

Fig. 2. — Tout point quelconque, comme F, qui, joint aux points tangents B C, détermine un angle B F C égal à l'angle B A C, augmenté de la moitié de l'angle B O C, est situé sur la courbe.

Il n'y a donc, étant connu l'angle A, qu'à l'augmenter de la moitié de son supplément, et on aura l'angle F. En fixant le graphomètre à cette ouverture et en opérant comme avec l'équerre tout point d'où l'on àura B, C, dans ses lignes de visée, sera un point de la courbe (¹).

(1) Lorsqu'on trace sur le papier des courbes à longues tangentes, il arrive que les rayons atteignent des dimensions trop fortes pour que les courbes soient tracées avec le compas. Dans ce cas, les tables remplacent avantageusement le compas.

Il n'y a qu'à opérer sur le papier comme sur le terrain, en tenant compte, bien entendu, de l'échelle du plan sur lequel on opère, et à joindre ensuite les points trouvés par toutes lignes droites dont l'ensemble différera d'autant moins de la courbe que l'on aura multiplié les points davantage.

TABLES.

DEUXIÈME PARTIE

Comprenant, outre quelques données, au besoin
nécessaires dans le tracé des courbes, toutes les
lignes du cercle, ainsi que le développement
de la eourbe et l'angle inscrit.

ANGLE		Corde ou sous-tendante de la courbe.	Distance entre le piquet d'angle et le milieu de la courbe.	Distance entre le piquet d'angle et le centre de la courbe.
déterminé par les tangentes 1	au centre des rayons. 2	3	4	5
1°	179°	0 174	9 913	10.000
2°	178°	0 349	9.827	10.001
3°	177°	0.523	9.741	10 003
4°	176°	0.698	9.657	10.006
5°	175°	0.872	9.573	10.009
6°	174°	1.047	9.490	10.014
7°	173°	1.221	9.407	10 019
8°	172°	1.395	9.324	10 024
9°	171°	1.569	9.244	10 031
10°	170°	1.743	9.163	10.038

| Bissectrice de l'Angle | | Rayon de la courbe. | Développement de la courbe. | Angle inscrit. |
déterminé par les tangentes 6	au centre des rayons. 7	8	9	10
9.999	0.001	0.087	0.272	90° 30'
9.998	0.003	0.174	0.540	91° »
9.996	0.007	0.262	0.809	91° 30'
9.994	0.012	0.349	1.072	92° »
9.990	0.019	0.437	1.335	92° 30'
9.986	0.028	0.524	1.591	93° »
9.981	0.038	0.612	1.848	93° 30'
9 976	0.048	0.699	2.098	94° »
9.969	0.062	0.787	2.349	94° 30'
9 962	0.076	0.875	2 596	95° »

ANGLE		Corde ou sous-tendante de la courbe.	Distance entre le piquet d'angle et le milieu de la courbe.	Distance entre le piquet d'angle et le centre de la courbe.
déterminé par les tangentes	au centre des rayons.			
1	2	3	4	5
11°	169°	1.917	9.083	10.046
12°	168°	2 090	9.004	10.055
13°	167°	2.264	8.925	10 065
14°	166°	2.437	8.847	10.075
15°	165°	2.610	8.770	10.086
16°	164°	2.783	8.693	10.098
17°	163°	2.956	8.616	10.111
18°	162°	3.129	8.541	10.125
19°	161°	3.301	8.466	10.139
20°	160°	3.473	8.391	10.154

Bissectrice de l'Angle		Rayon de la courbe.	Développement de la courbe.	Angle inscrit.
déterminé par les tangentes 6	au centre des rayons. 7	8	9	10
9.954	0.092	0.963	2.840	95° 30'
9.945	0.110	1.051	3.082	96° »
9 936	0.129	1.139	3.320	96° 30'
9.925	0.150	1.228	3.558	97° »
9.914	0.172	1,316	3 789	97° 30'
9.903	0.195	1.405	4.022	98° »
9.890	0.221	1.494	4.251	98° 30'
9 877	0.248	1.584	4.479	99° »
9.863	0.276	1.673	4.701	99° 30'
9.848	0.306	1.763	4.923	100° »

5

ANGLE		Corde ou sous-tendante de la courbe.	Distance entre le piquet d'angle et le milieu de la courbe.	Distance entre le piquet d'angle et le centre de la courbe.
déterminé par les tangentes 1	au centre des rayons. 2	3	4	6
21°	159°	3.645	8.317	10.170
22°	158°	8 816	8.243	10.187
23°	157°	3.987	8.170	10.205
24°	156°	4.158	8.098	10.223
25°	155°	4.329	8.026	10.243
26°	154°	4.499	7.954	10.263
27°	153°	4.669	7.883	10.284
28°	152°	4 838	7.813	10.306
29°	151°	5.008	7 743	10.329
30°	150°	5.176	7 673	10 353

| Bissectrice de l'Angle | | Rayon de la courbe. | Développement de la courbe. | Angle inscrit. |
déterminé par les tangentes 6	au centre des rayons. 7	8	9	10
9.852	0.338	1.853	5.142	100° 30'
9.816	0.371	1.944	5.361	101° »
9.799	0.406	2.034	5.573	101° 30'
9.781	0.442	2.125	5.786	102° »
9.763	0.480	2.217	5.997	102° 30'
9.744	0.519	2.309	6.206	103° »
9.724	0.560	2.401	6.411	103° 30'
9.703	0.603	2.493	6.614	104° »
9.681	0.648	2.586	6.815	104° 30'
9.659	0.694	2.679	7.013	105° »

ANGLE		Corde ou sous-tendante de la courbe.	Distance entre le piquet d'angle et le milieu de la courbe.	Distance entre le piquet d'angle et le centre de la courbe.
déterminé par les tangentes 1	au centre des rayons. 2	3	4	5
31°	149°	5.345	7.604	10.377
32°	148°	5.513	7.535	10 403
33°	147°	5.680	7.467	10,429
34°	146°	5.847	7.400	10.457
35°	145°	6.014	7.332	10.485
36°	144°	6.180	7.265	10.514
37°	143°	6.346	7.199	10.545
38°	142°	6 511	7.133	10.576
39°	141°	6.676	7.067	10.608
40°	140°	6.840	7.002	10.642

Bissectrice de l'Angle		Rayon de la courbe.	Développement de la courbe.	Angle inscrit.
déterminé par les tangentes	au centre des rayons.			
6	7	8	9	10
9.636	0.741	2.773	7.211	105° 30'
9.613	0.790	2.867	7.406	106° »
9.588	0 841	2.962	7.599	106° 30'
9.563	0.894	3 057	7.790	107° »
9.537	0.948	3.153	7.979	107° 30'
9.510	1.004	3.249	8.166	108° »
9 483	1.062	3.346	8.351	108° 30'
9.455	1.121	3.443	8.533	109° »
9.426	1.182	3.541	8.714	109° 30'
9.397	1.245	3.640	8.894	110° »

ANGLE		Corde ou sous-tendante de la courbe.	Distance entre le piquet d'angle et le milieu de la courbe.	Distance entre le piqnet d'angle et le centre de la courbe.
déterminé par les tangentes	au centre des rayons.			
1	2	3	4	5
41°	139°	7.004	6.937	10.676
42°	138°	7.167	6.873	10.711
43°	137°	7.330	6.809	10.748
44°	136°	7.492	6.745	10.785
45°	135°	7 854	6.682	10.824
46°	134°	7.815	6 619	10 864
47°	133°	7 975	6 556	10.904
48°	132°	8.155	6.494	10.946
49°	131°	8.294	6.432	10.989
50°	130°	8.452	6.371	11.034

Bissectrice de l'Angle		Rayon de la courbe.	Développement de la courbe.	Angle inscrit.
déterminé par les tangentes 6	au centre des rayons. 7	8	9	10
9.367	1 309	3.739	9.071	110° 30'
9.336	1.375	3.839	9 246	111° »
9.304	1.444	3.939	9.418	111° 30'
9 272	1 513	4.040	9.589	112° »
9.239	1.585	4.142	9.759	112° 30'
9.205	1.659	4.245	9.928	113° »
9.171	1.733	4.348	10.092	113° 30'
9.135	1 811	4.452	10.256	114° »
9.099	1.890	4.557	10 419	114° 30'
9.063	1.971	4.663	10.580	115° »

ANGLE		Corde ou sous-tendante de la courbe.	Distance entre le piquet d'angle et le milieu de la courbe.	Distance entre le piquet d'angle et le centre de la courbe.
déterminé par les tangentes 1	au centre des rayons. 2	3	4	5
51°	129°	8.610	6.309	11.079
52°	128°	8,767	6.249	11.126
53°	127°	8.924	6.188	11.174
54°	126°	9.080	6.128	11.223
55°	125°	9.235	6.068	11.274
56°	124°	9.389	6.009	11.326
57°	123°	9.543	5.949	11.379
58°	122°	9.696	5.890	11.433
59°	121°	9.848	5.832	11.489
60°	120°	10 000	5.773	11.547

Bissectrice de l'Angle		Rayon de la courbe.	Développement de la courbe.	Angle inscrit.
déterminé par les tangentes 6	au centre des rayons. 7	8	9	10
9.026	2 053	4 770	10.739	115° 30'
8.988	2.138	4.877	10 895	116° »
8.949	2.225	4.986	11.052	116° 30'
8.910	2.313	5.095	11.204	117° »
8.870	2.404	5.206	11.358	117° 30'
8.829	2.497	5.317	11.507	118° »
8.788	2.591	5.429	11.654	118° 30'
8.746	2.687	5.543	11 803	119° »
8.703	2.786	5.658	11.949	119° 30'
8.660	2.887	5.773	12.092	120° »

ANGLE		Corde ou sous-tendante de la courbe.	Distance entre le piquet d'angle et le milieu de la courbe.	Distance entre le piquet d'angle et le centre de la courbe.
déterminé par les tangentes 1	au centre des rayons. 2	3	4	5
61°	119°	10.151	5.715	11.606
62°	118°	10.301	5.658	11.666
63°	117°	10.450	5.600	11,728
64°	116°	10 598	5.543	11.792
65°	115°	10.746	5.486	11.857
66°	114°	10.893	5.429	11.924
67°	113°	11.039	5.373	11.992
68°	112°	11.184	5.317	12.062
69°	111°	11.328	5.261	12.134
70°	110°	11.472	5.206	12.208

Bissectrice de l'Angle		Rayon de la courbe.	Développement de la courbe.	Angle inscrit.
déterminé par les tangentes 6	au centre des rayons. 7	8	9	10
8.616	2.990	5.890	12.233	120° 30'
8.572	3.094	6.009	12.374	121° »
8.526	3 202	6.128	12.513	121° 30'
8.481	3.311	6.249	12.652	122° »
8.434	3 423	6.371	12.787	122° 30'
8.387	3.537	6.494	12.921	123° »
8.339	3.653	6.619	13.054	123° 30'
8 290	3.772	6.745	13.185	124° »
8 241	3.895	6.873	13.515	124° 30'
8.192	4.016	7.002	13.442	125° »

ANGLE		Corde ou sous-tendante de la courbe.	Distance entre le piquet d'angle et le milieu de la courbe.	Distance entre le piquet d'angle et le centre de la courbe.
déterminé par les tangentes	au centre des rayons.			
1	2	3	4	5
71°	109°	11 614	5.150	12.283
72°	108°	11.756	5.095	12.360
73°	107°	11.897	5.040	12.440
74°	106°	12.036	4.986	12.521
75°	105°	12.165	4.931	12 605
76°	104°	12.313	4.877	12 690
77°	103°	12 450	4.823	12.778
78°	102°	12.586	4.770	12.868
79°	101°	12.721	4.716	12 960
80°	100°	12.856	4.663	13.054

Bissectrice de l'Angle		Rayon de la courbe.	Développement de la courbe.	Angle inscrit.
déterminé par les tangentes 6	au centre des rayons. 7	8	9	10
8.141	4 142	7.133	13.570	125° 30'
8.090	4.270	7.265	13.694	126° »
8.038	4.402	7.400	13.817	126° 30'
7.986	4.535	7.535	13.940	127° »
7.933	4.672	7.673	14.061	127° 30
7.880	4.810	7.813	14.182	128° »
7.826	4.952	7.954	14.299	128° 30'
7.772	5.096	8.098	14.416	129° »
7.716	5.244	8,243	14.530	129° 30'
7.660	5.394	8.391	14.645	130° »

ANGLE		Corde ou sous-tendante de la courbe.	Distance entre le piquet d'angle et le milieu de la courbe.	Distance entre le piquet d'angle et le centre de la courbe.
déterminé par les tangentes 1	au centre des rayons. 2	3	4	5
81°	99°	12.987	4.610	13.151
82°	98°	13 121	4.557	13.250
83°	97°	13.252	4.505	13 352
84°	96°	13.383	4.452	13.456
85°	95°	13.512	4.400	13.563
86°	94°	13.640	4.348	13.673
87°	93°	13.767	4.295	13.786
88°	92°	13.893	4.245	13.902
89°	91°	14.018	4.193	14.020
90°	90°	14.142	4.142	14.142

Bissectrice de l'Angle		Rayon de la courbe.	Développement de la courbe.	Angle inscrit.
déterminé par les tangentes 6	au centre des rayons. 7	8	9	10
7.604	5.547	8.541	14.758	130° 30'
7.547	5.703	8.693	14.869	131° »
7.490	5.862	8.847	14.978	131° 30'
7.431	6.025	9.004	15.080	132° »
7.373	6.190	9.163	15.193	132° 30'
7.313	6.360	9.325	15.299	133° »
7.254	6.532	9.490	15.404	133° 30'
7.194	6.708	9.657	15.506	134° »
7.132	6.888	9.827	15.608	134° 30'
7.071	7.071	10.000	15.708	135° »

ANGLE		Corde ou sous-tendante de la courbe.	Distance entre le piquet d'angle et le milieu de la courbe.	Distance entre le piquet d'angle et le centre de la courbe.
déterminé par les tangentes 1	au centre des rayons. 2	3	4	5
91°	89°	14 265	4.091	14.267
92°	88°	14 387	4.040	14.396
93°	87°	14.507	3.989	14 527
94°	86°	14.627	3.939	14.663
95°	85°	14.746	3.889	14.802
96°	84°	14.863	3 839	14.945
97°	83°	14.979	3.789	15 092
98°	82°	15.094	3.739	15 242
99°	81°	15.208	3.689	15 398
100°	80°	15.321	3.640	15.557

Bissectrice de l'Angle		Rayon de la courbe.	Développement de la courbe.	Angle inscrit.
déterminé par les tangentes	au centre des rayons.	la courbe.	la courbe.	inscrit.
6	7	8	9	10
7.009	7.258	10.176	15 807	135° 30'
6.947	7.449	10.355	15.904	136° »
6.883	7.644	10.538	16.001	136° 30'
6.820	7.843	10.724	16.096	137° »
6.756	8.046	10.913	16.190	137° 30'
6.692	8.253	11.106	16.282	138° »
6.626	8.466	11.303	16.374	138° 30'
6.560	8.682	11 504	16.464	139° »
6.495	8.903	11.708	16.552	139° 30'
6.428	9.129	11.917	16.639	140° »
				6

ANGLE		Corde ou sous-tendante de la courbe.	Distance entre le piquet d'angle et le milieu de la courbe.	Distance entre le pique d'angle et le centre de la courbe.
déterminé par les tangentes 1	au centre des rayons. 2	3	4	5
101°	79°	15 433	3 590	15.721
102°	78°	15 543	3.541	15.890
103°	77°	15.652	3.492	16 064
104°	76°	15.760	3.443	16.243
105°	75°	15.867	3.394	16.427
106°	74°	15.973	3 346	16.616
107°	73°	16.077	3 297	16 812
108°	72°	16.180	3.249	17 013
109°	71°	16.282	3.201	17 220
110°	70°	16.383	3.153	17.435

Bissectrice de l'Angle		Rayon de la courbe.	Développement de la courbe.	Angle inscrit.
déterminé par les tangentes 6	au centre des rayons. 7	8	9	10
6.361	9.360	12.131	16.726	140° 30'
6.293	9.597	12.349	16.811	141° »
6.225	9.839	12.572	16.895	141° 30'
6.157	10.086	12.799	16.977	142° »
6.088	10.339	13.032	17.059	142° 30
6.018	10.598	13.270	17.139	143° »
5.948	10.864	13.514	17.218	143° 30'
5.878	11.135	13.764	17.296	144° »
5.807	11.413	14,019	17.372	144° 30'
5.736	11.699	14.281	17.448	145° »

ANGLE		Corde ou sous-tendante de la courbe.	Distance entre le piquet d'angle et le milieu de la courbe.	Distance entre le piquet d'angle et le centre de la courbe.
déterminé par les tangentes 1	au centre des rayons. 2	3	4	5
111°	69°	16.482	3 105	17.655
112°	68°	16.581	3.057	17 883
113°	67°	16.678	3.010	18,118
114°	66°	16.773	2.962	18.361
115°	65°	16.868	2.915	18.612
116°	64°	16.961	2.867	18.871
117°	63°	17.053	2.820	19.139
118°	62°	17.144	2.773	19.416
119°	61°	17.232	2.726	19.705
120°	60°	17.321	2.679	20.000

Bissectrice de l'Angle		Rayon de la courbe.	Développement de la courbe.	Angle inscrit.
déterminé par les tangentes 6	au centre des rayons. 7	8	9	10
5.664	11.991	14.550	17.522	145° 30'
5.592	12.291	14.826	17.596	146° »
5.519	12 599	15.108	17.667	146° 30'
5.446	12.915	15 399	17.738	147° »
5.373	13.239	15 697	17.808	147° 30'
5.299	13 572	16.003	17 875	148° »
5 225	13.914	16.318	17.943	148° 30'
5.150	14.266	16.643	18.008	149° »
5.075	14 628	16.977	18.075	149° 30'
5.000	15 000	17.320	18.138	150° »

ANGLE		Corde ou sous-tendante de la courbe.	Distance entre le piquet d'angle et le milieu de la courbe.	Distance entre le piquet d'angle et le centre de la courbe.
déterminé par les tangentes	au centre des rayons.			
1	2	3	4	5
121°	59°	17.407	2.633	20.308
122°	58°	17.492	2.586	20.627
123°	57°	17.576	2.540	20.957
124°	56°	17.659	2.493	21.300
125°	55°	17.740	2.447	21.657
126°	54°	17.820	2.401	22.027
127°	53°	17.899	2.355	22.412
128°	52°	17.976	2.309	22.812
129°	51°	18.052	2.263	23.228
130°	50°	18.126	2.217	23.662

Bissectrice de l'Angle		Rayon de la courbe.	Développement de la courbe.	Angle inscrit.
déterminé par les tangentes 6	au centre des rayons. 7	8	9	10
4 924	15.384	17.675	18.201	150° 30'
4.848	15.779	18.040	18.261	151° »
4.771	16.186	18.418	18.323	151° 30'
4.695	16.605	18.807	18.382	152° »
4.617	17.040	19.210	18.440	152° 30'
4.540	17.487	19.626	18.497	153° »
4.462	17.950	20.057	18.553	153° 30'
4 584	18.428	20.503	18.608	154° .
4.305	18.923	20.965	18.661	154° 30'
4.226	19.436	21.445	18.714	155° »

ANGLE		Corde ou sous-tendante de la courbe.	Distance entre le piquet d'angle et le milieu de la courbe.	Distance entre le piquet d'angle et le centre de la courbe.
déterminé par les tangentes	au centre des rayons.			
1	2	3	4	5
131°	49°	18.199	2.171	24.114
132°	48°	18,271	2.125	24.586
133°	47°	18.341	2.080	25.078
134°	46°	18.410	2.034	25.593
135°	45°	18.478	1.989	26.131
136°	44°	18.544	1.944	26 695
137°	43°	18.608	1.898	27.285
138°	42°	18.672	1.853	27.904
139°	41°	18.734	1.808	28.554
140°	40°	18 794	1.763	29.238

Bissectrice de l'Angle		Rayon	Développement	Angle
déterminé par les tangentes	au centre des rayons.	de la courbe.	de la courbe.	inscrit.
6	7	8	9	10
4.147	19.967	21.943	18.766	155° 30'
4.067	20.519	22.460	18.816	156° »
3.987	21 091	22.998	18.865	156° 30'
3.907	21.686	23.558	18.913	157° »
3.827	22.304	24.142	18.961	157° 30'
3.746	22.949	24.751	19.007	158° »
3.665	23.620	25.386	19.052	158° 30'
3 584	24.320	26.051	19.096	159° »
3.502	25.052	26.746	19.139	159° 30'
3.420	25.818	27.475	19.181	160° »

ANGLE		Corde ou sous-tendante de la courbe.	Distance entre le piquet d'angle et le milieu de la courbe.	Distance entre le piquet d'angle et le centre de la courbe.
déterminé par les tangentes 1	au centre des rayons. 2	3	4	5
141°	39°	18.853	1.718	29.957
142°	38°	18 910	1.673	30.715
143°	37°	18.966	1.629	31 515
144°	36°	19.021	1.584	32.361
145°	35°	19.074	1.539	33.255
146°	34°	19.126	1.494	34.203
147°	33°	19.176	1.450	35.209
148°	32°	19.225	1.405	36.279
149°	31°	19.272	1 361	37.420
150°	30°	19.319	1.316	38.637

| Bissectrice de l'Angle | | Rayon de | Développement de | Angle |
| déterminé par les tangentes | au centre des rayons. | la courbe. | la courbe. | inscrit. |
6	7	8	9	10
3.338	26 619	28 239	19 222	160° 30'
3.255	27.460	29.042	19.261	161° »
3.173	28 342	29.887	19 300	161° 30'
3.090	29.271	30.777	19.338	162° »
3.007	30.248	31.716	19 374	162° 30'
2.924	31 279	32.708	19.409	163° »
2.840	32.369	33.759	19.444	163° 30'
2.756	33.523	34.874	19 477	164° »
2.672	34.748	36.059	19.510	164° 30'
2.588	36.049	37.320	19.544	165° »

ANGLE		Corde ou sous-tendante de la courbe.	Distance entre le piquet d'angle et le milieu de la courbe.	Distance entre le piquet d'angle et le centre de la courbe.
déterminé par les tangentes 1	au centre des rayons. 2	3	4	5
151°	29°	19 363	1.272	39.939
152°	28°	19.406	1.228	41.336
153°	27°	19.447	1.183	42,836
154°	26°	19 487	1.139	44.454
155°	25°	19.526	1.095	46.202
156°	24°	19.563	1.051	48.097
157°	23°	19.598	8.007	50 159
158°	22°	19.633	0.963	52.408
159°	21°	19.665	0.919	54.874
160°	20°	19 696	0.875	57.588

Bissectrice de l'Angle		Rayon de la courbe.	Développement de la courbe.	Angle inscrit.
déterminé par les tangentes 6	au centre des rayous. 7	8	9	10
2.504	37 435	38.667	19.571	165° 30'
2 419	38.917	40.108	19.600	166° »
2.334	40.502	41.653	19.628	166° 30'
2 249	42 205	43.315	19.656	167° »
2.164	44.038	45.107	19.682	167° 30'
2.079	46.018	47.046	19.707	168° »
1.994	48.165	49.151	19.730	168° 30'
1.908	50 500	51.445	19.753	169° »
1.822	53.052	53.955	19.775	169° 30'
1.737	55.851	56.713	19.797	170° »

ANGLE		Corde ou sous-tendante de la courbe.	Distance entre le piquet d'angle et le milieu de la courbe.	Distance entre le piqnet d'angle et le centre de la courbe.
déterminé par les tangentes 1	au centre des rayons. 2	3	4	5
161°	19°	19.726	0.831	60.588
162°	18°	19.754	0.787	63.924
163°	17°	19.780	0.743	67.655
164°	16e	19.805	0 699	71.853
165°	15°	19.829	0.655	76.613
166°	14°	19.851	0.612	82 055
167°	13°	19 871	0.568	88.337
168°	12°	19.890	0.524	95.668
169°	11°	19.908	0.480	104.334
170°	10°	19.924	0.437	114.737

Bissectrice de l'Angle		Rayon de la courbe.	Développement de la courbe.	Angle inscrit.
déterminé par les tangentes 6	au centre des rayons. 7	8	9	10
1.650	58.938	59.758	19.817	170° 30'
1.564	62.360	63.137	19.835	171° »
1.478	66.177	66.911	19.852	171° 30'
1.392	70.461	71.154	19.870	172° »
1.305	75.308	75.957	19.885	172° 30'
1.219	80.836	81.443	19.900	173° »
1.132	87.205	87.769	19.914	173° 30'
1 045	94.623	95.144	19.927	174° »
0.958	103.376	103.854	19 938	174° 30'
0 871	113.866	114.300	19.949	175° »

ANGLE		Corde ou sous-tendante de la courbe.	Distance entre le piquet d'angle et le milieu de la courbe.	Distance entre le piquet d'angle et le centre de la courbe.
déterminé par les tangentes 1	au centre des rayons. 2	3	4	6
171°	9°	19.938	0.393	127.455
172°	8°	19 951	0.349	143.356
173°	7°	19.963	0.305	163.804
174°	6°	19.973	0.262	191.073
175°	5°	19.981	0,218	229.256
176°	4°	19.988	0.175	286.537
177°	3°	19.993	0.131	382.016
178°	2°	19 997	0.087	572.987
179°	1°	19.999	0 044	1145.930

Bissectrice de l'Angle		Rayon de la courbe.	Développe-ment de la courbe.	Angle inscrit.
déterminé par les tangentes 6	au centre des rayons. 7	8	9	10
0 785	126.670	127.062	19.958	175° 30'
0.698	142.658	143.007	19.967	176° »
0.610	163.194	163.498	19 974	176° 30
0.523	190.550	190.811	19.982	177° »
0.436	228.820	229.038	19.987	177° 30'
0.349	286.188	286.362	19.991	178° »
0.262	381.754	381.885	19.995	178° 30
0.174	372.813	572.900	19.998	179° »
0.087	1145.843	1145.886	19.999	179° 30'

6

MANIÈRE DE CALCULER LES TABLES.

Voir figure 1. — angle 124°.

Lignes. 1	FORMULES A RÉSOUDRE POUR DÉTERMINER les données de la colonne 1 ci-contre, la tangente étant de 10 mètres. 2	Formules ci-contre résolues. 3
CO	R : x ou CO :: sinus 28° : CB ou 10 mètres . .	21^m 300
BO	R : CB ou 10m :: tangente 62° : x ou le rayon. .	18.8073
BD	R : CB ou 10m :: sinus 62° : x ou la 1|2 corde A B .	8.8295
CD	R : CB ou 10m :· sinus 28° : x ou la bissectrice .	4.695
BG	R : BO ou le ray. 18m 807 :: sin. 14° : x ou 1|2 corde de 1|2 courbe	4.550
GO	R : BO :: sinus 76° : x.	18.248
FH	R : BO :: sinus 7° · x ou 1|2 corde de 1|4 de courbe.	2.292
HO	R : BO :: sinus 83° : x.	18.667
IJ	R : BO :: sinus 3° 30' : x ou 1|2 corde de 1|8 de c.	1.1483
JO	R : BO :: sinus 86° 30' : x	18.7723
KN	R : BO :: sinus 1° 45' : x ou 1|2 corde de 1|16 de c.	0.5744
MO	R : BO :: sinus 88° 15' : x	18.7985
AB	BD ci-dessus, colonne 1, multiplié par 2 . . .	17.659
DO	CO moins CD, colonne 1 ci-contre.	16.605
CE	CO moins BO, id.	2.493
DE	BO moins DO ou BO — (CO-CD)	2.202
FG	BO moins GO	0.559
HI	BO moins HO	0.140
JK	BO moins JO	0.0350
LM	BO moins MO	0.0088
AEB	ACB plus 1|2 AOB	152°

MÉTHODE

Pour le Tracé des Courbes à Tangentes Egales et Inégales

AVEC OU SANS DÉCÀMÈTRE.

Application des Tables à cette Méthode.

Avant d'exposer cette méthode rappelons ici quelques principes qui sont la base des opérations qu'elle comporte.

I. — Deux triangles sont égaux lorsqu'ils ont leurs côtés égaux chacun à chacun, ou deux côtés égaux et un angle égal compris entre ces côtés. De plus, ils sont semblables

II, — Dans un triangle isocèle toute perpendiculaire abaissée du sommet sur la base, la coupe en deux parties égales et détermine deux triangles rectangles égaux et semblables.

III. — Les lignes qui s'écartent également du pied de la perpendiculaires sont égales.

IV. — La somme de deux quantités ne change pas quand de l'une d'elles on retranche une quantité que l'on ajoute à l'autre.

V. — Deux quantités égales à une troisième sont égales entre elles.

VI. – Les trois angles d'un triangle valent 180°.

VII. — Les quatre angles d'un quadrilatère valent 360°,

VIII. — L'angle ayant son sommet sur la circonférence est égal à l'angle des tangentes augmenté de la moitié de l'angle au centre des rayons ou ce qui est la même chose, augmenté de l'un des angles à la base.

IX. — La perpendiculaire élevée sur le milieu de la corde coupe l'arc sous-tendu en deux parties égales et passe par le centre du cercle et le point de rencontre des tangentes.

Appliquons ces principes au triangle isocèle CAB dont les côtés égaux AB, AC peuvent être considérés comme les tangentes d'une courbe à tracer. Faisons BD = BC et CE = CB d'où l'on a (5) BD égal à CE. Considérons les deux triangles

CBD et BCE. Nous aurons (1) BE = CD. Les angles B et C étant égaux par construction, si nous divisons DC, EB en deux parties égales par les points G et F nous aurons (2 et 3) l'angle DBG égal à l'angle GBC = ECF = FCB, c'est-à-dire que les angles C et B à la base du triangle CAB sont divisés chacun en deux parties égales. L'angle CHB est donc égal (6 ou 7) à CAB + DBG + ECF. Mais comme nous avons vu, ci-dessus que les angles égaux C et B sont divisés chacun en deux parties égales nous avons donc les angles ECF + DBG = à l'un des angles C ou B, donc (8) l'angle H est sur la circonférence puisqu'il égale A + C ou B, donc le point H est le point de courbe et de plus il est milieu de courbe.

Cherchons maintenant un second point de courbe. Faisons GI = FJ nous aurons (2 et 3) IBG égale FCJ ; or, de la quantité FCB = à GBC je retranche FCJ que j'ajoute à GBC puisque IBG = FCJ donc (4 et 6) l'angle CKB = CHB et s'appuie aussi sur la même base CB, donc il a son sommet sur la circonférence, donc K est point de courbe. L'on peut donc, comme l'on voit, obtenir autant de points que l'on veut. Si l'on divise les lignes BE, DC en un nombre quelconque de parties égales ou inégales, on aura autant de points de courbe, moins un, que chaque tangente a de parties.

Si, par exemple, BE était de 10^m et que partant du point B l'on portait de B vers E des données quelconques comme 2 puis 3, 4 et 1^m, il faudrait porter daus le même ordre les mêmes distances sur DC en allant de D vers C, c'est-à-dire suivre une marche inverse à la première. La raison de cette opération est facile à saisir, d'après ce qui a été dit et démontré précédemment et repose sur les principes 4 et 8. Il est évident que l'angle sur le cercle ne peut changer. Or, si l'on prend le point porté à deux mètres du point B sur BE l'on aura en C un angle partiel qui évidemment ne trouvera son complément que dans BE-2^m ou DC -2^m, c'est-à-dire que les 2^m doivent être portés de D vers C, puisque s'ils l'étaient de C vers D le complément aurait 9^m de base au lieu de 8^m qu'il doit avoir, de sorte que la rencontre des lignes ne serait point sur la courbe.

L'exposé des principes ci-dessus conduit donc aux résultats suivants :

Pour toute courbe à tangentes égales ou inégales, la section des lignes FC, GB (Fig. 3 et 4) détermine un point de courbe qui est le milieu pour les tracés à tangentes égales. Ce même point, dans les tracés à tangentes inégales, coupe la courbe en parties inégales.

POUR LES COURBES A TANGENTES ÉGALES.

(Figure 3).

Tout point pris sur BE de B vers E, à quelque distance que ce soit de celui B, par exemple, doit être reporté sur DC inversement, c'est-à-dire de D vers C et non de C vers D. Quelque division qu'on adopte, les points sur chaque demi-courbe ont la même situation.

POUR LES COURBES A TANGENTES INÉGALES.

(Figure 4).

Les angles sur la courbe ne peuvent être égaux parce que s'ils l'étaient l'on aurait une courbe décrite du même rayon et par suite des tangentes égales, ce qui est contraire à l'énoncé.

Tous les angles sur la courbe croissent dans le sens de la plus petite tangente à la plus grande, en proportion arithmétique lorsque les angles à la base sont divisés en parties égales. Dans tous les cas, un angle considéré par rapport à un autre est plus grand ou plus petit que cet autre de toute la différence existante entre l'angle ajouté et celui retranché.

Ce qui vient d'être dit, concernant le tracé d'une courbe à tangentes égales s'applique également aux courbes à tangentes inégales avec cette différence que si l'on portait des données inégales sur l'une des tangentes, il y aurait lieu de reporter inversement sur l'autre tangente des données proportionnelles. On voit donc que la division en toutes parties égales est la plus avantageuse et celle en 2, 4, 8, 16, 32, etc., parait être celle à qui la préférence doit être accordée dans tous les cas

Il est à remarquer (figure 4) que si l'on passait successivement dans tous les carrelages immédiatement en dessous de la courbe CNHKB l'on aurait également toutes courbes qui, le cas échéant, pourraient à la rigueur, également satisfaire aux besoins, mais qui ne seraient plus, qu'en partie, régulières et n'appartiendraient plus aux tangentes données.

Comme l'indiquent les figures 3 et 4, l'on peut

établir ses lignes à diviser comme on désire les avoir, soit que l'on prenne DC et EB; LM et TV; NO et RS; AP et AQ, cela est indifférent pourvu que les lignes que l'on divise soient bases de triangles isocèles.

L'on peut encore tracer les courbes à tangentes quelconques en divisant les angles à la base en un même nombre de parties comme ici (figure 5). Si l'on porte sur BA, BC des longueurs BF, BG, qu'on joigne FG et qu'on prenne la moitié FH on aura la ligne BH qui divisera l'angle B en deux parties égales Faisons BI = BG et joignons IF, IG. Prenons leurs moitiés IQ, IL, l'angle B sera divisé en quatre parties égales On peut donc, en continuant ces mêmes opérations diviser B en autant de parties égales que l'on voudra. La rencontre des lignes de division de chaque angle à la base déterminera également la courbe.

L'on pourrait, dès l'abord, croire qu'au lieu d'effectuer des divisions sur CD et BE, l'on obtiendrait un résultat analogue en opérant sur les tangentes, ce qui ne serait pas cependant. Prenons la figure 5, CA et BA étant des lignes égales, divisons-les en quatre parties chacune et considérons les triangles CAR, BAJ. Ces deux triangles ont de commun l'angle A et les côtés qui comprennent cet angle, égaux par construction, donc ils sont égaux et semblables, donc a angle partiel de C $= a$ angle partiel de B; pour la même raison $b = b$, $c = c$, $d = d$. Considérons maintenant les deux triangles CAR et CRN. Les côtés AR et RN sont égaux; RC est commun, mais l'angle R n'égale pas l'angle A, donc ces triangles ne sont ni égaux ni semblables, donc b n'égale pas a et les angles partiels en C et en B ne sont pas égaux entre eux. Or, l'angle sur le cercle égale A+C ou+B, donc si je retranche de C l'angle OCB il faut évidemment que je prenne en B de quoi compléter cet angle et comme la ligne JB est la ligne de division dont la section avec OC devrait faire un point de courbe, cette section ne tombera pas sur la courbe puisqu'au lieu d'ajouter à d son complément a-b-c pour arriver à avoir à la base deux angles équivalents à C ou B je n'ajoute que b c-d qui ne satisfait point à la question,

Ceci étant vrai pour une courbe à tangentes égales l'est aussi pour une à tangentes inégales. Il est toutefois à remarquer que si, pour ce dernier cas, l'on ne tenait pas à une courbe bien régulière, comme sont celles en dessous de CKB, *figure 5*, l'on pourrait diviser les tangentes au lieu des lignes DC, EB. Tout ce qui vient d'être dit précédemment concernant cette méthode, comporte toutes opérations à faire avec le décamètre sans aucune donnée des tables. Nous parlerons plus loin de l'application des tables à cette méthode En ce qui concerne les figures 3 et 4, il est bon de remarquer que les courbes CKB peuvent aisément être déterminées *sans décamètre.* Qu'avec une longueur quelconque, comme une ficelle, par exemple, l'on fasse les lignes égales à AC, AB, BC, BD, CE, qu'on mesure BE, DC et qu'on en fasse autant de parties que l'on voudra, arbitraires, égales ou inégales en observant l'ordre inverse dans le cas d'inégalité dans les parties d'une même tangente, n'aura-t-on pas également déterminé la courbe sans décamètre. Une opération analogue sur la figure 5 mais avec toutes divisions égales pour chaque tangente donnera également CKB. Il est à remarquer que si l'on divisait EB, par exemple, en parties inégales il deviendrait difficile de reporter inversement sur DC des parties proportionnelles ce qui prouve qu'ici comme avec le décamètre la division par portions égales de lignes est avantageuse. La division en 2, 4, 8, 16, 32, etc , est préférable à toute autre, surtout dans le cas des opérations sans décamètre, puisqu'après avoir porté sur BE sa donnée arbitraire, elle peut n'y être pas contenue exactement, de sorte que la différence, si on mesure avec une ficelle, peut être pliée en 2, 4, 8, 16, selon le nombre de parties qu'on veut faire de BE et cette fraction, ajoutée ou retranchée, selon le cas, avec toute facilité.

Sans décamètre on peut encore opérer la division des angles, comme B, figure 5, en suivant la marche indiquée précédemment au traité de ce cas avec le décamètre.

Application des Tables à cette Méthode.

Comme il est facile de s'en rendre compte par l'examen de la figure 1, tracer une courbe d'après ces tables c'est diviser l'angle au centre O du cercle en 2, 4, 8, 16, etc. parties égales. Donc si dans la figure 5 nous prenons BF, BG que nous supposerons ici de 30^m et que nous chaînions FG supposé de 17^m, nous trouverons $17 : 30 = 5.67$ Cette donnée que nons trouvons à la quatrième page de la première partie des tables à un centième près, fournit en regard toutes les données qui multipliées par 3 (puisque nons supposons BF de 30^m) et appliquées sur le terrain donneront dans la figure 5 M, I, K, etc., et diviseront l'angle B en autant de parties égales que l'on voudra. On voit donc que l'application des tables au traité du cas ci-dessus pour la division de l'angle B simplifie beaucoup cette opération faite avec le décamètre seul ou sans décamètre puisque l'on est exempt de chaîner BK, BI, BM.

L'application des tables à cette méthode n'offre aucun avantage pour les tracés à tangentes égales puisque dans la figure 3 il faudrait tracer une courbe dans chacun des angles B et C ce qui prendrait plus de temps qu'à déterminer directement CKB.

Elle n'a d'avantageux sur la méthode exposée précédemment pour la détermination de la courbe CKB par les divisions sur DC, BE que de donner sur la courbe tous angles qui croissent en proportion arithmétique dans le sens de la plus petite tangente vers la plus grande, c'est-à-dire que si les angles H et K diffèrent de 10° cette même différence existera également entre l'angle H et l'angle immédiatement suivant pris vers C.

Soit que l'on opère par la division des angles, soit que l'on établisse ses lignes à diviser comme RS, NO, LM, TV, il est à remarquer qu'on peut déterminer la courbe (fig 4) sans s'occuper de la longueur qu'ont les tangentes.

MÉTHODE

du

NIVELLEMENT OU PRISE

des

PROFILS EN TRAVERS SANS NIVEAU.

L'étude d'une chaussée à construire ou à rectifier se compose de deux parties : le tracé et le nivellement.

Dans la pratique on rencontre des cas difficiles dans la prise des profils en travers surtout lorsque le chemin se trouve fortement encaissé, ou en contre-haut et que les talus sont boisés. Dans ces cas il est d'habitude de procéder comme pour la prise des profils en long, ce qui occasionne une perte de temps considérable sans amener une bien grande précision dans les opérations, parce que l'opérateur mal en équilibre sur le flanc des talus où il doit stationner avec son niveau finit souvent par perdre patience et prend, pour aller plus vite, des cotes à vue d'œil.

Lorsque le terrain est plat, c'est-à-dire lorsque la chaussée n'est pas encaissée ou ne l'est que de 1ᵐ à 1ᵐ 20, il est préférable de procéder avec le niveau parce que la méthode ordinaire est dans ces cas aussi expéditive et aussi exacte que celle qui consiste à lever sans niveau Lors-que la chaussée est en contre-haut de 2ᵐ à 2ᵐ 50 au plus, c'est-à-dire lorsque la ligne de niveau ne dépasse pas la mire qui est d'ordinaire de 4ᵐ il y a lieu de procéder avec le niveau et d'arrê-ter les points *f-b* et de chaîner *f*C, *b*D lorsque les talus sont réguliers (fig. 7).

Mais lorsque l'on a affaire à des talus de grande hauteur, il y a lieu de procéder sans niveau comme suit : Dans les pays accidentés le double-décamètre qui peut n'être pas toujours suffisant est préférable au décamètre.

Soit à lever le profil en travers figure nᵒ 6

Soit le point G, axe du tracé. Le porte-mire debout sur ce point sera dans la verticale. Il peut donc maintenir la mire dans cette direc-tion. Chainez GD, GE. A la vis servant à fixer le point de mire, accrochez l'anneau d'un décamè-tre. Prenez sur la mire un chiffre que vous co-terez au croquis, soit par exemple 3ᵐ 50. Un opérateur ou traîne-chaine gravissant DA, EB donnera les distances AH, BH. Prenez un se-cond chiffre sur la mire soit 2ᵐ. Prenez AL,

BL et le profil est déterminé. Comme vérification, prenez un troisième chiffre pour avoir AI,
BI Que le porte-mire porte le bout d'un déca -
mètre en D et en E, et AD, BE connus serviront
de vérification et même de levée, car ces données connues, celles AH, BH suffisent pour déterminer le profil, les autres lignes ne servent
que de vérification. Si le fond du chemin au lieu
d'être plat était irrégulier comme CGF, en passant pour la levée du profil en long, il y aurait
lieu de lever avec le niveau ce profil CGF et à
opérer pour le reste comme il vient d'être dit
ci-dessus

Le rapport du profil ne souffre aucune difficulté puisqu'après avoir rapporté CGF on élève
au point G perpendiculairement à la ligne de niveau une ligne GH qui permet d'opérer comme
sur le terrain. Les lignes AH, HB ; AI, BI,
AL, BL, AC ou AD, BE ou BF ne sont que
des rayons dont la section des arcs qu'ils décri-
vent s'opère en A et B.

Le porte-mire reste ordinairement au point
d'axe comme ici G. Mais il est indifférent de
prendre ce point ou un autre. On peut se placer
en E ou en D, où l'on veut. On peut également
du point E prendre le demi profil BE et dans une

seconde station en D prendre la seconde partie du profil AD.

Si le talus était accidenté et était EOB ou EPB au lieu de EB, l'opération est double, triple, etc., selon le nombre de brisures du talus.

Comme on le voit, HO, EO; HB, OB connus. déterminent le talus BOE; LO, LB; sont des lignes de vérification ou de levée selon que l'on voudra les considérer. Si la brisure était en P il y aurait les mêmes opérations à faire.

Lorsque le décamètre est insuffisant, que le talus est régulier et que la crête R dudit n'est pas trop éloignée d'un point B que l'on atteint de toute la longueur du décamètre, il y a lieu de lever BE comme précédemment et de mesurer BR.

Si le talus est brisé et que la partie OS ou PT est régulière l'on peut également procéder comme ci-dessus.

Soit l'application de la méthode du lever sans niveau au profil figure 7.

Comme l indique la figure, la méthode est absolument la même que pour le cas précédent. L'on peut se placer aux points A et B et lever en deux stations ; l'on peut également choisir un point quelconque I rien ne change le mode d'opérer. Si les talus se trouvaient brisés comme BOC ou ARD, l'on procéderait toujours de même; mais s'il arrivait que de toute la hauteur de la mire placée en B l'on ne pût voir C comme est ici EC qui passe sous le point O, on lèverait BO par la méthode ordinaire, puis, faisant une seconde station sur O on lèverait OC. Si AIB n'était pas régulier, il y aurait lieu d'en lever le profil avec le niveau en passant pour la levée du profil en long et de procéder comme il est dit précédemment tant pour la levée sur le terrain que pour le rapport au cabinet.

Cette méthode, comme on le voit, est très-simple et d'une exactitude exceptionnelle par la raison que les levées sont faites par triangulation. Les lignes de vérification peuvent être supprimées lorsque l'on est certain du comptage, et dans ce cas, la largeur du plat fond de la chaussée étant connue, quatre dimensions suffisent pour déterminer tout profil régulier, aussi est-il permis de procéder avec promptitude.

Sans doute cette méthode ne permet point de rapporter à l'horizontale et de donner des profils côtés relativement à la ligne admise pour niveau, mais il est à remarquer qu'à l'échelle à laquelle se rapportent les profils en travers des projets à faire approuver (l'échelle admise pour le département du Pas-de-Calais, est $0^m 01^c$ pour un mètre) il est plus avantageux et aussi exact de calculer au double-décimètre que de calculer d'après les côtes. Plus les opérations sont simplifiées, plus elles tendent vers l'exact, par la raison que le calculateur ayant moins de chiffres à ranger est moins sujet à commettre des erreurs. Or, le calcul au double décimètre est une simplification. Il est avantageux parce qu'il donne plus rapidement les résultats. Il est aussi exact que possible parce qu'il approche plus ou moins de la vérité ; car dans tous les cas l'on approche de la vérité plus ou moins si on ne l'atteint La méthode elle même dite *exacte* n'est pas indépendante de cette règle d'approximation par la raison qu'elle ne doit son exactitude qu'à celle des opérations du terrain.

Or, l'opérateur s'arrête sur le terrain à plus ou moins de détails et dans ce cas le résultat des calculs, quelle que méthode qu'on ait employée, approche d'autant p'us de la vérité, qu'il a été apporté plus de précision dans les compensations.

Cette méthode de lever sans niveau n'oblige pas l'opérateur de se servir de la mire ordinaire. La première perche venue pourvu qu'elle soit à peu près droite peut en tenir lieu.

Voici comme on peut la disposer. (La figure 3 en est un modèle pour la levée des talus d'une hauteur exceptionnelle. On pourra accrocher en A ou C deux doubles décamètres au besoin)

Faites aux points A et C distants entre eux d'une donnée quelconque, comme ici de 4^m, deux petits anneaux avec quelques bouts de ficelle. Passez dans ces anneaux une ficelle continue ACBD. En un point de cette corde, fixez un obstacle en travers auquel vous attacherez l'anneau d'un décamètre.

Soit maintenant à lever le point O. Le porte-mire placé en B' portera la main en B et tendra la ficelle dans le sens AD, de manière à maintenir en A le bout du décamètre. Ensuite il tirera la corde dans le sens AC, jusqu'à ce que l'obstacle en A vienne s'arrêter à l'anneau C Le point O, comme l'on voit, est déterminé et en admettant que ce soit le haut d'un talus, on n'aura plus, comme vérification, après avoir chaîné du point B' au bas du talus, qu'à mesurer la longueur dudit talus.

ERRATA.

Page 15, ligne 16e au lieu de page . lisez page 42.

Page 16, ligne 15e, au lieu de 24m952 (2e partie des tables) page . lisez 24m932 ou la tangente appliquée multipliée par 2m493 (2e partie des tables) page 86.

Page 16, ligne 17e, au lieu de ABC, lisez ACB.

Page 55, ligne 11e, au lieu de VX de V, en allant vers X, lisez VY, de V en allant vers Y.

Page 55, lignes 15e et 17e, au lieu de UVB, lisez YVB

Page 55, ligne 18e, au lieu de CVU lisez BVU.

Page 59, ligne 6e, au lieu de C, D, lisez B, H.

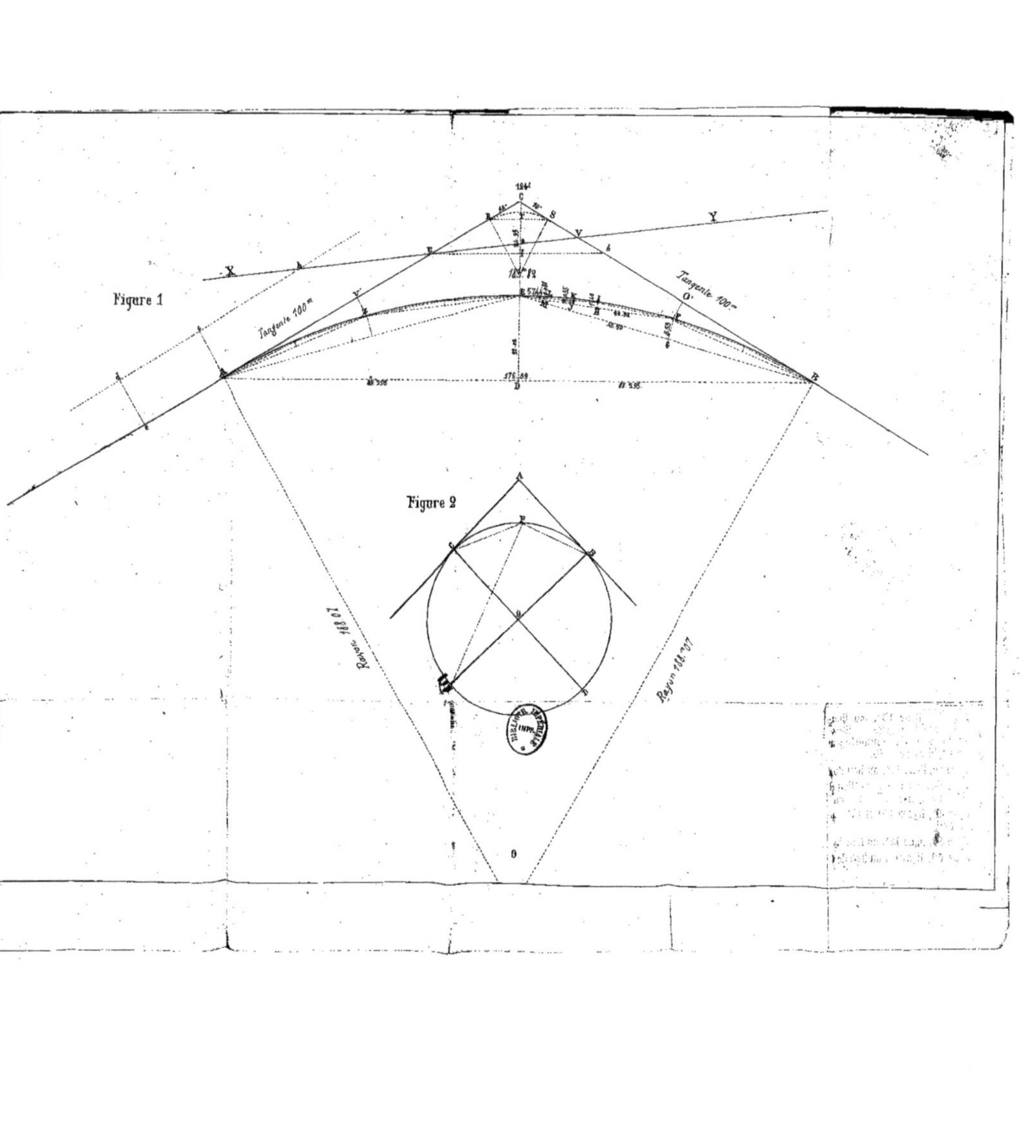

Figure 1
Tangente 100 m
Tangente 100 m
Figure 2
Rayon 188.207
Rayon 188.207

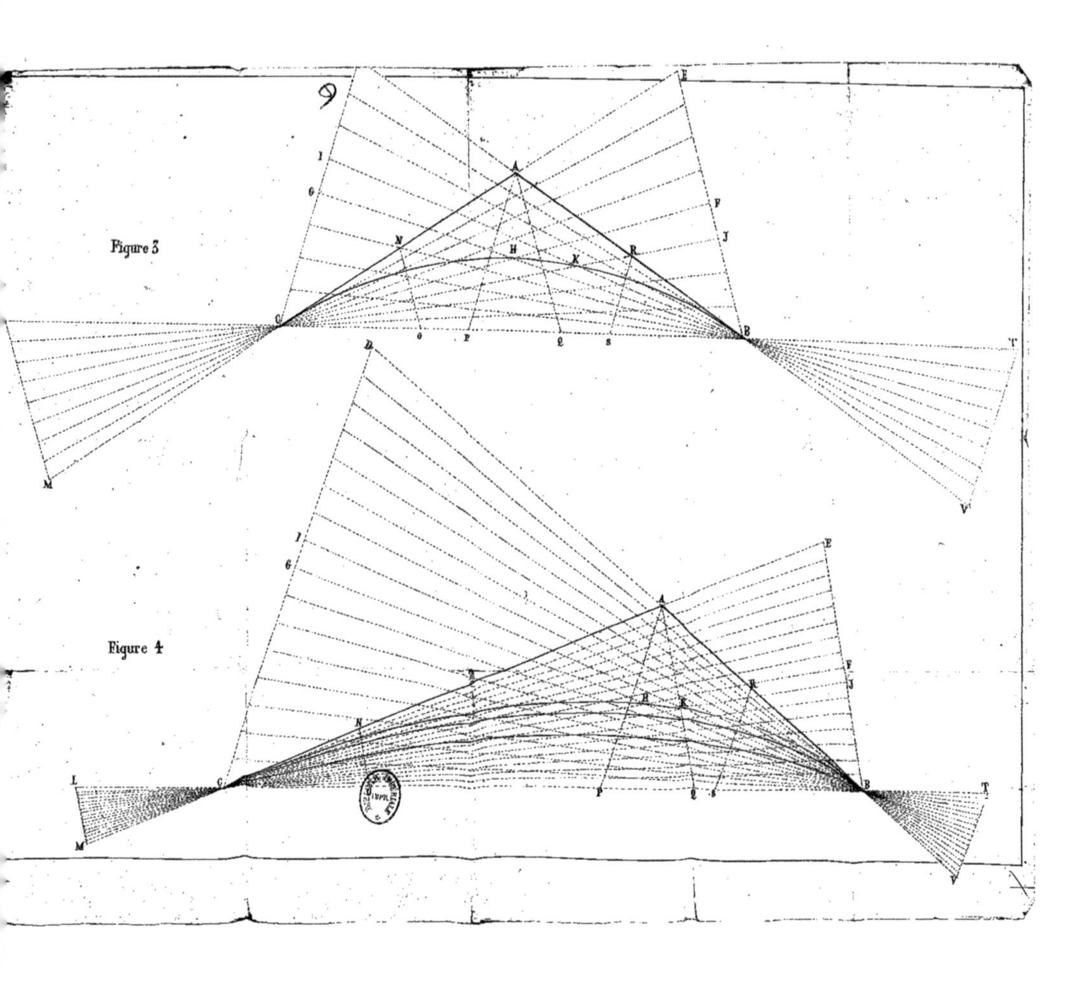

Figure 3
Figure 4

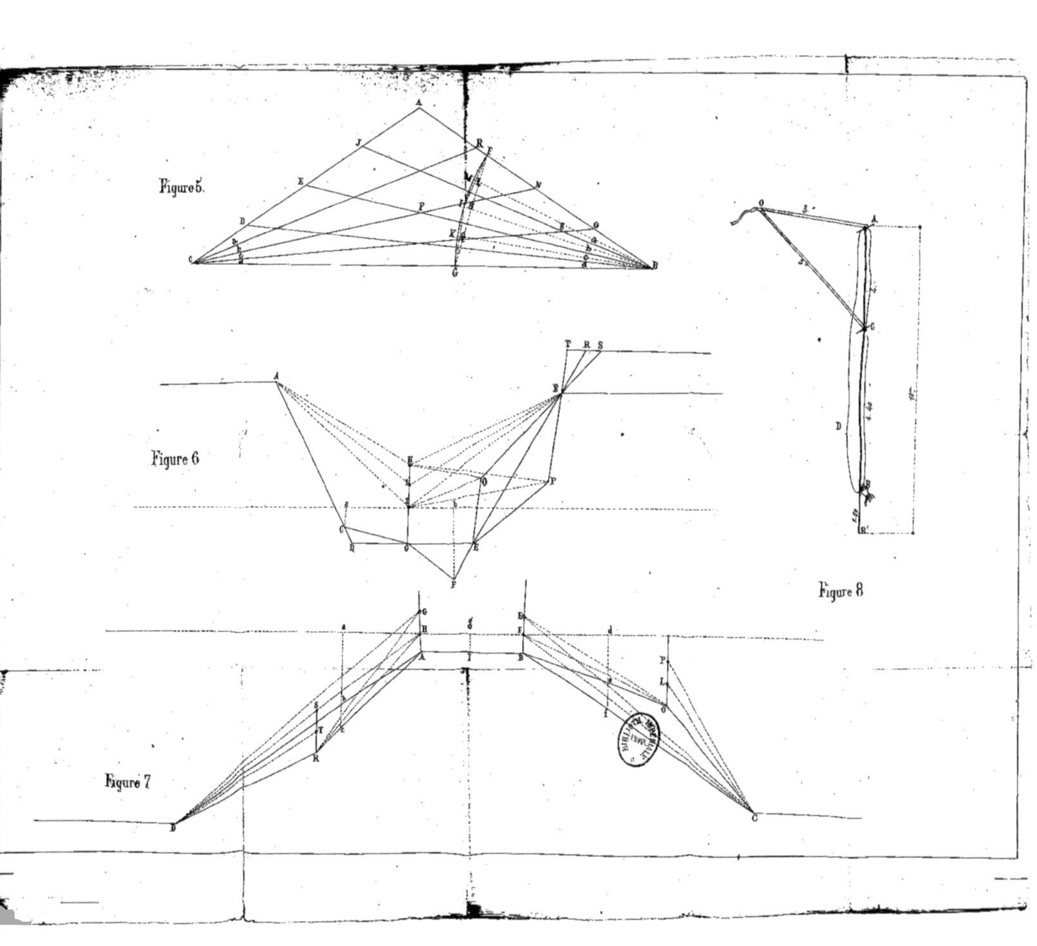

Figure 5.

Figure 6

Figure 7

Figure 8

www.ingramcontent.com/pod-product-compliance
Ingram Content Group UK Ltd.
Pitfield, Milton Keynes, MK11 3LW, UK
UKHW022049070726
13613UKWH00002B/741